新时代大学计算机通识教育教材

# 智能算法通识教程实验指导

薄钧戈 乔亚男 ◎ 主编

清华大学出版社
北 京

## 内容简介

本书为“智能算法通识”课程的配套实验用书。“智能算法通识”课程主要面向理工类非计算机专业，和传统程序设计课程相比，主要注重提高算法和问题求解能力，课程从培养学生的算法技能出发，让学生通过对若干适用于大多数专业的通用算法的编程实际练习，在实验中锻炼寻找算法库、使用算法库解决自己专业应用问题的能力。

本书涵盖了“智能算法通识”课程的所有基本题目类型。实验项目从问题角度划分有逻辑推理题、数学问题算法（如多项式插值、非线性方程求解、线性方程组求解等）、文字处理题、数据结构题（如线性表、栈、队列、二叉树、哈夫曼树、图等）；从求解问题的算法策略角度划分有穷举法、分治法、动态规划、贪心法等。大部分题目具有应用背景，而且实用有趣（如马踏棋盘问题、背包问题、道路规划问题等）。

同时，本书中所有例题和实验项目给出了源程序和运行结果。源程序格式规范，如标识符命名、注释、缩进等方面，在书中告诉学生哪些是良好的编程习惯。

本书可作为高等学校理工类非计算机专业算法设计类课程的实验教材，也可以作为程序设计及算法设计爱好者的自学用书。



**图书在版编目（CIP）数据**

智能算法通识教程实验指导/薄钧戈，乔亚男主编. —北京：清华大学出版社，2023.8
新时代大学计算机通识教育教材
ISBN 978-7-302-63779-0

Ⅰ.①智… Ⅱ.①薄… ②乔… Ⅲ.①人工智能－算法－高等学校－教材 Ⅳ.①TP18

中国国家版本馆 CIP 数据核字（2023）第 101378 号

**责任编辑：**谢 琛 薛 阳
**封面设计：**常雪影
**责任校对：**徐俊伟
**责任印制：**宋 林

**出版发行：**清华大学出版社
**网 址：**http://www.tup.com.cn，http://www.wqbook.com
**地 址：**北京清华大学学研大厦 A 座 **邮 编：**100084
**社 总 机：**010-83470000 **邮 购：**010-62786544
**投稿与读者服务：**010-62776969，c-service@tup.tsinghua.edu.cn
**质量反馈：**010-62772015，zhiliang@tup.tsinghua.edu.cn
**课件下载：**http://www.tup.com.cn，010-83470236
**印 装 者：**三河市龙大印装有限公司
**经 销：**全国新华书店
**开 本：**185mm×260mm **印 张：**10.5 **字 数：** 225 千字
**版 次：**2023 年 8 月第 1 版 **印 次：**2023 年 8 月第1 次印刷
**定 价：**39.00 元

---

产品编号：100501-01

# 前 言



信息时代，人和计算机的交互越来越多，编程思维，或者说程序思维会成为一项通识教育。理解计算机解决问题的方式、利用计算机解决问题的方法，越来越成为每一个专业的人都必须学习的内容。传统程序设计语言的通识教育是每个人编程知识树的主干，每遇到新的问题都可以用已有的编程语言知识消化吸收，进而每一步编程经历的积累都是给自己的知识树添枝增叶，日积月累，程序可以不知不觉地写得更快，更简洁易懂，更少出错，更安全，也会更容易学习理解新的编程语言和软件框架。

通识的程序设计教育已经初具雏形，但更进一步的算法通识教育却仍未被普罗大众和业界重视。由于早期算法教育具有较高的门槛，大部分人对智能算法还是比较陌生的。随着近些年信息化社会的不断发展，人们的工作、生活和学习与互联网的结合越来越紧密，而智能算法作为互联网的"普通话"，也正逐渐成为现代人的必备技能之一。未来是一个智能化社会，而智能化社会的代表就是我们的身边会围绕越来越多的智能体(Agent)，这些智能体将是我们工作、学习和生活的伙伴，而智能算法正是与这些智能体交互的重要手段，所以智能算法教育一定会得到更广泛的普及。

本书为"智能算法通识"课程的配套实验用书，"智能算法通识"课程的主要目的是模拟学生在未来的专业科学研究中实际遇到问题时可能要面对的各种情况。所以，本书在设计实验和考察方法时，不苛求学生必须从零开始编写一个完整的程序，在实际工作中这样既不实际又毫无必要；而是可以从一个局部程序段、一个第三方程序框架开始，逐步加入自己的代码，步步为营，最终解决自己的问题。

本书面向非计算机专业学生的实际应用需求，从培养学生的算法技能出发，让学生通过对若干适用于大多数专业的通用算法的编程实际练习，在实验中锻炼寻找算法库、使用算法库解决自己专业应用问题的能力。通过学习本书，学生能够理解和掌握经典算法和数据结构，了解一些经典算法的原理；具备结合本专业实际应用，设计出高效算法和数据结构的能力；具备利用开源平台和工具软件快速实现应用原型的能力。

基于如上需求，本书围绕应用环境中实际问题的求解过程来阐述和讲解程序设计思想方法和相关技术知识，向学生展示如何设计和选择合适的数据结构来表示实际问题中的处理对象，如何把一个实际问题转换成一个程序可计算的逻辑模型，以及如何考虑程序运行的效率来满足问题求解对时间的要求等。

本书每个算法实验项目包括实验目的、实验要求、实验内容以及实验原理。本书共6章，主要内容具体如下。

第1章　算法基础：熟悉算法和数据结构的基本概念，掌握如何用 Visual Studio 和 Dev-C++ 新建新项目并调试运行代码。

第2章　数学若干问题：熟悉数论相关算法，会用数值法求解基本数学问题，如多项式四则运算问题、多项式插值问题、非线性方程求解和线性方程组求解问题等。

第3章　线性数据结构：掌握线性表的定义及其运算；顺序表和链表的定义、组织形式、结构特征和类型说明，以及在这两种表上实现的插入、删除和查找的算法。掌握栈和队列的定义、特征及在其上所定义的基本运算，在两种存储结构上对栈和队列所施加的基本运算的实现。

第4章　树和图：掌握树的定义、性质及其存储方法；二叉树的链表存储方式、结点结构和类型定义；二叉树的遍历算法；哈夫曼树的构造方法。掌握图的基本概念及术语；图的两种存储结构(邻接矩阵和邻接表)的表示方法；图的遍历(深度优先搜索遍历和广度优先搜索遍历)算法；最小生成树的构造。

第5章　贪心算法：掌握贪心算法的基本概念；了解贪心算法的性质和优缺点；掌握找零问题、活动安排问题、普通背包问题、马踏棋盘问题、渡河问题等经典问题的原理并完成分析与代码实现。

第6章　动态规划算法：掌握动态规划的基本概念，了解动态规划算法的基本思想、适用情况以及求解基本步骤；了解最优性原理；典型动态规划问题的解决：挖金矿问题、0-1背包问题、连续子数组最大和问题以及最长公共子序列问题。

本书相关实验内容已在西安交通大学相关专业试用了5年，达到了最初的设计目的，试用效果良好。

受篇幅、时间及作者水平等限制，书中不妥之处，恳望广大读者批评指正。

作　者

2022年10月

# 目　录

# 第1章

# 算法基础

## 1.1 算法基本概念

算法是对特定问题求解步骤的一种描述,它是指令的有限序列,其中的每条指令表示一个或多个操作。

算法具有以下性质。

(1) 有穷性:一个算法必须总是在执行有穷步之后结束,且每一步都可在有穷时间内完成。

(2) 确定性:算法中每条指令必须有确切的含义,不会产生二义性,对于相同的输入只能得出相同的输出。

(3) 可行性:一个算法是可行的,即算法中描述的操作都是可以通过已经实现的基本运算执行有限次来实现的。

(4) 输入:一个算法有零个或多个输入,这些输入取自于某个特定的对象的集合。

(5) 输出:一个算法有一个或多个输出,这些输出是与输入有着某种特定关系的量。

我们的目标是设计出正确、可读、健壮、高效率、低存储量需求的算法。

### ◇1.1.1 算法的效率

虽然计算机能快速地完成运算处理,但实际上,它也需要根据输入数据的大小和算法效率来消耗一定的处理器资源。要想编写出能高效运行的程序,需要考虑到算法的效率。

算法的效率主要由以下两个复杂度来评估。

时间复杂度:评估执行程序所需的时间。可以估算出程序对处理器的使用程度。

空间复杂度:评估执行程序所需的存储空间。可以估算出程序对计算机内存的使用程度。

设计算法时,一般是要先考虑系统环境,然后权衡时间复杂度和空间复杂度,选取一个平衡点。不过,时间复杂度要比空间复杂度更容易产生问题,因此算法研究的主要也是时间复杂度，在没有特别说明的情况下，复杂度就是指时间复杂度。

一个算法执行所耗费的时间，从理论上是不能算出来的，必须上机运行测试才能知道。但不可能也没有必要对每个算法都上机测试，只需知道哪个算法花费的时间多，哪个算法花费的时间少就可以了。并且一个算法花费的时间与算法中语句的执行次数成正比，哪个算法中语句执行次数多，它花费的时间就多。一个算法中的语句执行次数称为语句频度或时间频度，记为 $T(n)$。

时间频度 $T(n)$中，$n$ 称为问题的规模，当 $n$ 不断变化时，时间频度 $T(n)$也会不断变化。但有时我们想知道它变化时呈现什么规律，为此引入时间复杂度的概念。一般情况下，算法中基本操作重复执行的次数是问题规模 $n$ 的某个函数，用 $T(n)$表示，若有某个辅助函数 $f(n)$，使得当 $n$ 趋近于无穷大时，$T(n)/f(n)$的极限值为不等于零的常数，则称 $f(n)$是 $T(n)$的同数量级函数，记作 $T(n)=O(f(n))$，称为算法的渐进时间复杂度，简称时间复杂度。

### ◇1.1.2 大 *O* 表示法

像前面用 $O()$来体现算法时间复杂度的记法，称为大 $O$ 表示法。算法复杂度可以从最理想情况、平均情况和最坏情况三个角度来评估，由于平均情况大多和最坏情况持平，而且评估最坏情况也可以避免后顾之忧，因此一般情况下，设计算法时都要直接估算最坏情况的复杂度。

大 $O$ 表示法 $O(f(n))$中的 $f(n)$的值可以为 1、$n$、$\log n$、$n^2$ 等，因此可以将 $O(1)$、$O(n)$、$O(\log n)$、$O(n^2)$分别称为常数阶、线性阶、对数阶和平方阶，那么如何推导出 $f(n)$的值呢？接着来看推导大 $O$ 阶的一些简单方法。

一些简单算法的大 $O$ 阶，可以按照如下的规则来进行推导，得到的结果就是大 $O$ 表示法。

（1）用常数 1 来取代运行时间中所有加法常数。

（2）修改后的运行次数函数中，只保留最高阶项。

（3）如果最高阶项存在且不是 1，则去除与这个项相乘的常数。

**例 1：常数阶**

```
1. int sum = 0;                          //语句执行 1 次
2. int n = 100;                          //语句执行 1 次
3. sum = (1+n) * n/2;                    //语句执行 1 次
4. printf("The sum is : %d", sum)        //语句执行 1 次
```

上面算法的运行次数的函数为 $f(n)=4$，根据推导大 $O$ 阶的规则(1)，需要将常数 4 改为 1，则这个算法的时间复杂度为 $O(1)$。

如果 sum=(1+n) * n/2 这条语句再执行 100 遍，因为这与问题大小 $n$ 的值并没有关系，所以这个算法的时间复杂度仍旧是 $O(1)$，可以称 $O(1)$ 为常数阶。

**例 2：线性阶**

```
1. int i =0;                              //语句执行 1 次
2. while (i < n) {                        //语句执行 n+1 次
3.     printf("Current i is %d ",i);      //语句执行 n 次
4.     i++;                               //语句执行 n 次
5. }
```

上面算法的运行的次数函数为 $f(n)=3n+2$，根据推导大 $O$ 阶的规则(1)和规则(2)，需要将常数 3 改为 1，去掉 2，则这个算法的时间复杂度为 $O(n)$。可以称 $O(n)$ 为线性阶。

**例 3：对数阶**

```
1. int number = 1;                        //语句执行 1 次
2. while (number < n) {                   //语句执行 logn 次
3.     number *= 2;                       //语句执行 logn 次
4. }
```

上面的代码中，number 每次都放大两倍，假设这个循环体执行了 $m$ 次，那么 $2^m=n$ 即 $m=\log n$，所以整段代码执行次数为 $1+2\log n$，则 $f(n)=\log n$，上面代码的时间复杂度为$O(\log n)$。将 $O(\log n)$ 称为线性阶。

**例 4：平方阶**

```
1. for (int i = 0; i < n; i++) {          //语句执行 n 次
2.     for (int j = 0; j < n; j++) {      //语句执行 n^2 次
3.         printf("Hello World!");        //语句执行 n^2
4.     }
5. }
```

上面的嵌套循环中，代码共执行 $3\times n^2+n+1$ 次，根据规则(2)和规则(3)，得出 $f(n)=n^2$。所以该算法的时间复杂度为 $O(n^2)$。

除了常数阶、线性阶、平方阶、对数阶，还有如下时间复杂度。

$f(n)=n\log n$ 时，时间复杂度为 $O(n\log n)$，可以称为 $n\log n$ 阶。

$f(n)=n^3$ 时，时间复杂度为 $O(n^3)$，可以称为立方阶。

$f(n)=2^n$ 时，时间复杂度为 $O(2^n)$，可以称为指数阶。

$f(n)=n!$时，时间复杂度为 $O(n!)$，可以称为阶乘阶。

$f(n)=(\sqrt{n})$时，时间复杂度为 $O(\sqrt{n})$，可以称为平方根阶。

下面将算法中常见的 $f(n)$值根据几种典型的数量级来列成一张表，根据这个表，可以很明显地看出各种不同算法时间复杂度的差异，如表 1-1 所示。

从表 1-1 可以很清晰地看出，当 $O(n)$、$O(\log n)$、$O(\sqrt{n})$、$O(n\log n)$随着 $n$ 的增加，复杂度提升不大，因此这些复杂度属于效率比较高的算法；而 $O(2^n)$和 $O(n!)$当 $n$ 增加到 50 时，复杂度就突破 10 位数了，在设计算法时，要避免出现这种指数或这种效率极

差的复杂度,因此在动手编程时要评估所写算法的最坏情况的复杂度,如图 1-1 所示。

表 1-1 算法时间复杂度对比

| $n$ | $\log n$ | $\sqrt{n}$ | $n\log n$ | $n^2$ | $2^n$ | $n!$ |
|---|---|---|---|---|---|---|
| 5 | 2 | 2 | 10 | 25 | 32 | 120 |
| 10 | 3 | 3 | 30 | 100 | 1024 | 3 628 800 |
| 50 | 5 | 7 | 250 | 2500 | 约 $10^{15}$ | 约 $3.0\times10^{64}$ |
| 100 | 6 | 10 | 600 | 10 000 | 约 $10^{30}$ | 约 $9.3\times10^{157}$ |
| 1000 | 9 | 31 | 9000 | 1 000 000 | 约 $10^{300}$ | 约 $4.0\times10^{2567}$ |

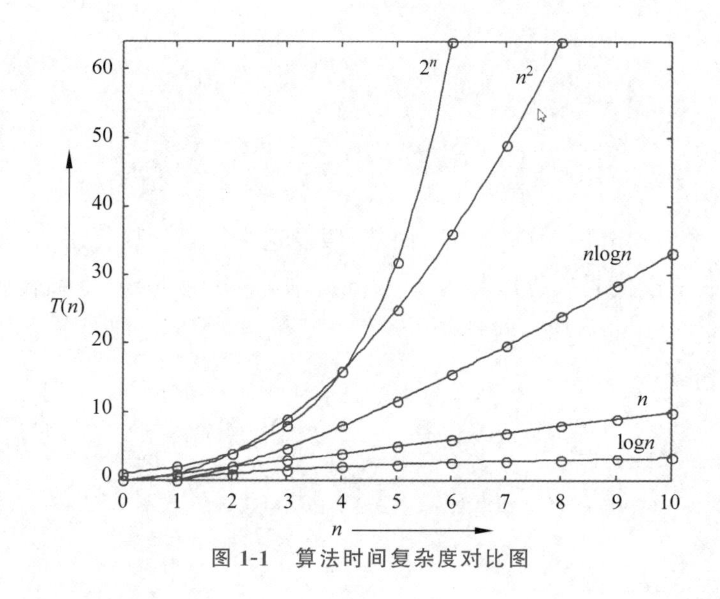


图 1-1 算法时间复杂度对比图

其中,$x$ 轴代表 $n$ 值,$y$ 轴代表 $T(n)$值(时间复杂度)。$T(n)$值随着 $n$ 值的变化而变化,可以看出,$O(2^n)$随着 $n$ 值的增大,它们的 $T(n)$值上升幅度非常大,而 $O(\log n)$、$O(n)$、$O(n\log n)$随着 $n$ 值的增大,$T(n)$值上升幅度则很小。

常用的时间复杂度按照消耗的时间从小到大依次是:

$$O(1) < O(\log n) < O(n) < O(n\log n) < O(n^2) < O(n^3) < O(2^n) < O(n!)$$

### ◇1.1.3 主定理求解算法时间复杂度*(选学)

在算法分析中,主定理提供了用渐进符号表示许多由分治法得到的递推关系式的方法。

在学习主定理之前,先介绍几个符号的含义。

符号 $\Theta$,表示既是上界也是下界,等于,严格贴紧。

符号 $O$,表示上界,小于或等于,贴紧未知。

符号 $o$,小于,不贴紧。

符号 $\Omega$，表示下界，大于或等于，贴紧未知。

符号 $\omega$，表示下界，大于，不贴紧。

“贴紧”的意思是“是否严格等于”。

其中，$\Theta$ 是平均时间复杂度，$O$ 是最坏情况下的复杂度，$\Omega$ 是最好情况下的复杂度。

假设有递推关系式：$T(n)=aT(n/b)+f(n)$，其中，$n$ 为问题的规模，$a(a\geqslant 1$，常数)是递推下子问题的数量，$b(b>1)$为常数，$n/b$ 为每个子问题的规模，$f(n)$为递推后做的额外的计算工作。

(1) 假设存在常数 $\varepsilon>0$，使得 $f(n)=O(n^{\log_b a-\varepsilon})$，则 $T(n)=\Theta(n^{\log_b a})$。

具体意思是 $f(n)$的上界是 $n$ 的幂次，且 $\log_b a$ 比这个幂次要大，则时间复杂度为这个 $n$ 的 $\log_b a$ 次。

举例说明：二叉树的遍历。

$$T(n)=2T(n/2)+\Theta(1)$$

其中，$a=2, b=2, f(n)=1$，此时 $\varepsilon=1$。

$$T(n)=\Theta(n)$$

(2) 如果 $f(n)=\Theta(n^{\log_b a})$，则 $T(n)=\Theta(n^{\log_b a}\log n)$。具体意思是 $f(n)$是 $n$ 的 $\log_b a$ 次，则复杂度是 $f(n)$的复杂度再乘以一个 $\log n$。

举例说明 1：归并排序。

$$T(n)=2T(n/2)+\Theta(n)$$

其中，$a=2, b=2, f(n)=n$，则

$$T(n)=\Theta(n\log_2 n)$$

举例说明 2：二分查找(二分查找)。

$$T(n)=T(n/2)+\Theta(1)$$

其中，$a=1, b=2, f(n)=1$，则

$$T(n)=\Theta(\log_2 n)$$

(3) 假设存在常数 $\varepsilon>0$，有 $f(n)=\Omega(n^{\log_b a}+\varepsilon)$，同时存在常数 $c<1$ 以及充分大的 $n$ 满足 $af(n/b)\leqslant cf(n)$，那么 $T(n)=\Theta(f(n))$。

举例说明：

$$T(n)=4T(n/2)+n^3$$

其中，$a=4, b=2, \varepsilon=1$，则

$$\log_b a=\log_{24}=2$$

$$f(n)=\Omega(n\log_b a+\varepsilon)=\Omega(n^2+1)$$

对于 $c=2/3$ 和足够大的 $n$，

$$(af(n/b)=4(n/2)^3=4(n^3/8)=n^3/2)\leqslant(cf(n)=2n^3/3)$$

满足 $af(n/b)\leqslant cf(n)$，所以 $T(n)=\Theta(f(n))=\Theta(n^3)$。

# 1.2 数据结构基本概念

## ◇1.2.1 相关术语

(1) 数据：是描述客观事物的符号，是计算机可以操作的对象，是能被计算机识别并输入到计算机处理的符号集合。数据不仅包括整型、实型等数值型，还有字符、声音、图像、视频等非数值类型。

(2) 数据元素：是组成数据的、有一定意义的基本单位，在计算机中通常作为整体处理，也称为记录(元组、结点、顶点)。

(3) 数据项(属性、字段)：一个数据元素可以由若干个数据项组成；数据项是数据不可分割的最小单位。

(4) 数据对象：是性质相同的数据元素的集合，是数据的子集。

(5) 数据结构。

在现实世界中，不同数据元素之间不是独立的，而是存在特定的关系，这些关系称为结构。数据结构是相互之间存在一种或多种特定关系的数据元素的集合。

数据结构包括三方面的内容：逻辑结构、存储结构和数据的运算。数据的逻辑结构和存储结构是密不可分的两个方面，一个算法的设计取决于所选定的逻辑结构，而算法的实现依赖于所采用的存储结构。

## ◇1.2.2 逻辑结构和物理结构(存储结构)

### 1. 逻辑结构

逻辑结构是指数据对象中数据元素之间的相互关系(逻辑关系)，即从逻辑关系描述数据。它与数据的存储无关，是独立于计算机存储器的。

从逻辑结构上可以分为线性结构和非线性结构。

根据数据元素之间关系的不同特征，通常有下列 4 类基本结构，复杂程度依次递进。

(1) 集合：结构中的数据元素之间除了同属于一个集合外，没有其他的关系。

(2) 线性结构：线性结构中的数据元素之间是一对一的关系。

(3) 树形结构：树形结构中的数据元素之间是一对多的关系。

(4) 图状结构或网状结构：结构中的元素之间是多对多的关系。

### 2. 物理结构(存储结构)

数据的物理结构是指数据的逻辑结构在计算机中的存储方式，又称存储结构。数据的物理结构研究的是数据结构在计算机中的实现方法，包括数据元素的表示和元素之间的关系。

数据元素的存储结构形式主要有两种：顺序存储和链式存储。

1）顺序存储结构

顺序存储结构是利用数据元素在存储器中的相对位置来表示数据元素之间的逻辑顺序。

顺序存储结构是把数据元素放在地址连续的存储单元中，程序设计中使用数组类型来实现（也就是逻辑相邻，物理也相邻）。

2）链式存储结构

链式存储结构利用结点中的指针来表示数据元素之间的关系。把数据元素存储在任意的存储单元里，这组存储单元可以是连续的，也可以是连续的，程序设计中使用指针类型来实现（即逻辑相邻，物理不一定相邻）。

**3. 其他存储方式**

索引存储：类似于目录，以后可以联系操作系统的文件系统章节来理解。

散列存储：通过关键字直接计算出元素的物理地址。

## ◇1.2.3 抽象数据类型

**1. 定义**

（1）数据类型：是指一组性质相同的值的集合及定义在此集合上的一些操作的总称。

例如，C 语言中的数据类型分为基本类型和构造类型。

基本类型：整型、浮点型、字符型等。

构造类型：数组、结构、联合、指针、枚举型、自定义类型等。

（2）抽象数据类型（Abstract Data Type，ADT）：是指一个数学模型及定义在该模型上的一组操作。

**2. 表示方法**

```
ADT 抽象数据类型名
Data
        数据元素之间的逻辑关系的定义
Operation
        操作 1
                初始条件
                操作结果描述
       操作 2
             ...
       操作 n
             ...
endADT
```

**3. 举例**

```
类型名称：线性表(List)
数据对象集：线性表是 n(n≥0)个元素构成的有序序列(a1, a2, …, an)。
操作集：
初始化一个空线性表：List MakeEmpty();
根据位序 K 返回相应元素：ElementType FindKth(List L,int K);
在线性表中查找 X 第一次出现的位置：int Find(List L, ElementType X);
在位序 i 前插入一个新元素 X：void Insert(List L, ElementType X,int i);
删除指定位序 i 的元素：void Delete(int i,List L);
返回线性表 L 的长度：int Length(List L);
```

## 1.3 Visual Studio 操作说明

### ◇1.3.1 下载安装

Visual Studio 的官网下载地址为 https://visualstudio.microsoft.com/zh-hans/vs/older-downloads/，具体步骤如图 1-2 和图 1-3 所示。

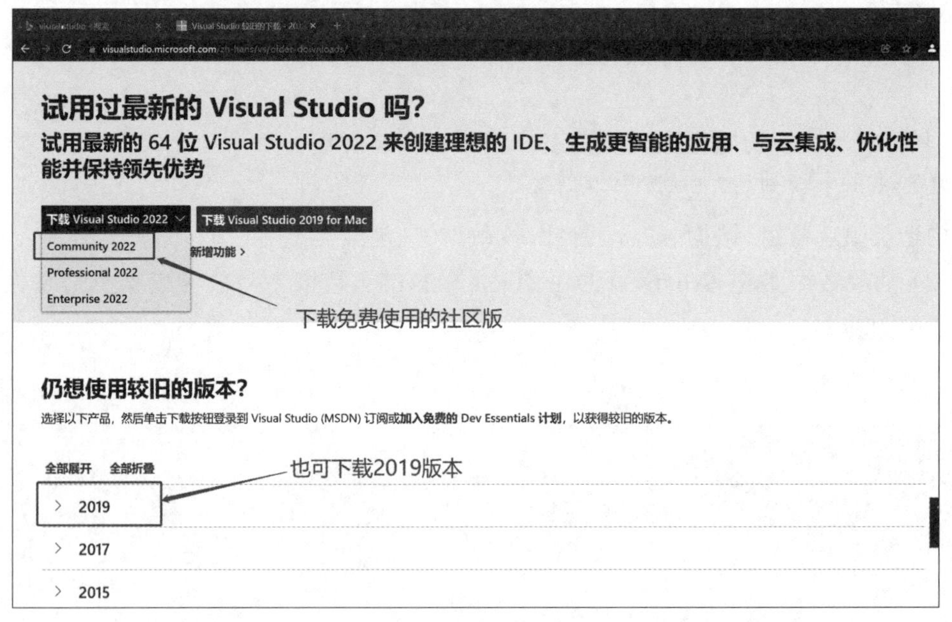


图 1-2　下载安装图 1

### ◇1.3.2 创建 C++ 项目

安装完成后单击“创建新项目”，或打开软件后选择“文件”→“新建”→“项目”，如图 1-4 所示。

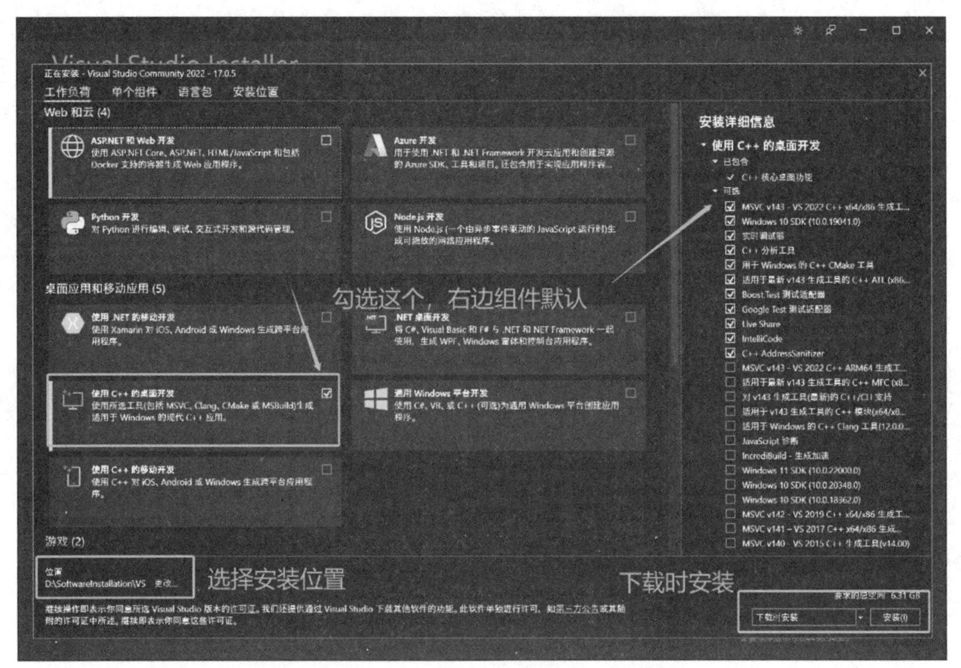


图 1-3 下载安装图 2

图 1-4 创建新项目

选择“空项目”，如图 1-5 所示。

配置项目名称和位置，如图 1-6 所示。

图 1-5 选择“空项目”

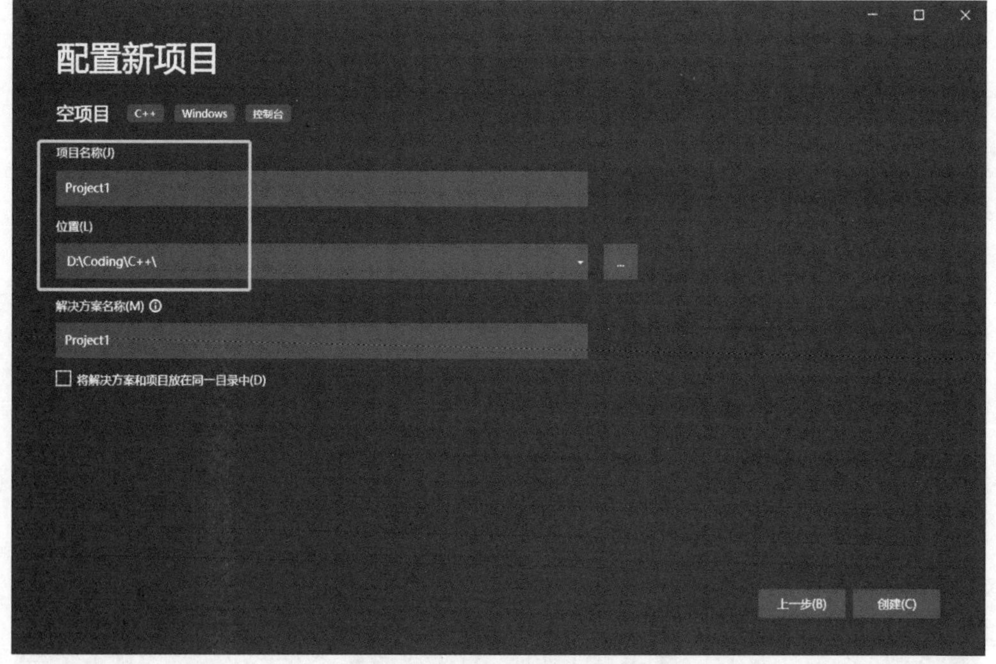


图 1-6 配置项目名称和位置

根据需求在新创建的项目文件中添加自己的代码文件(一般选择源文件),右击“源文件”,选择“添加”→“新建项”,可选择新建文件类型,如图 1-7 和图 1-8 所示。

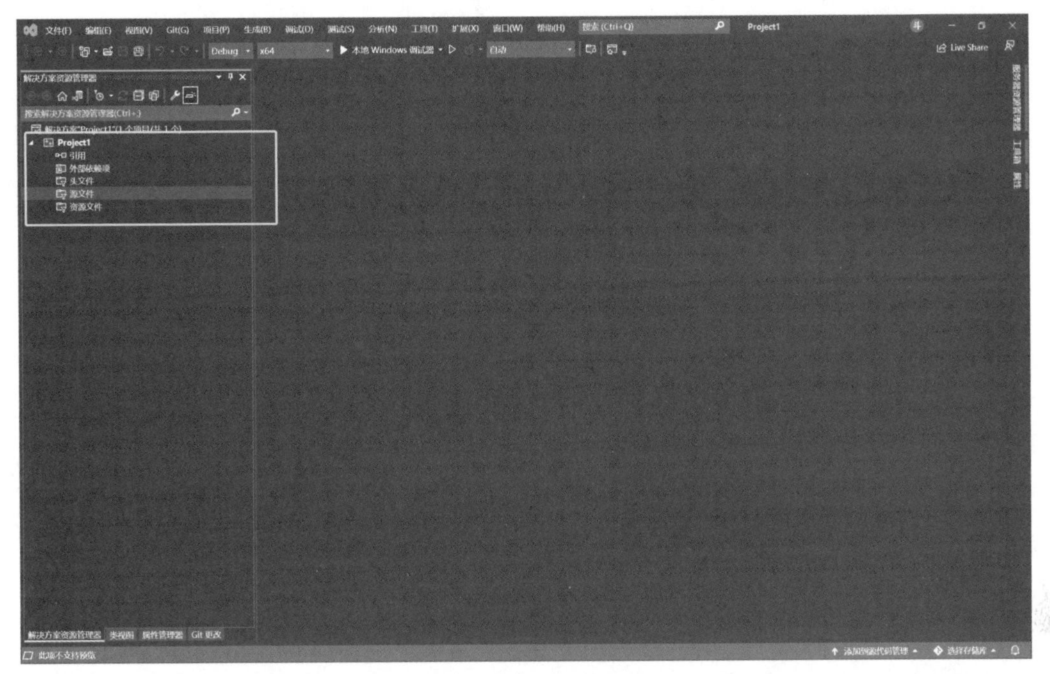

图 1-7　右击“源文件”

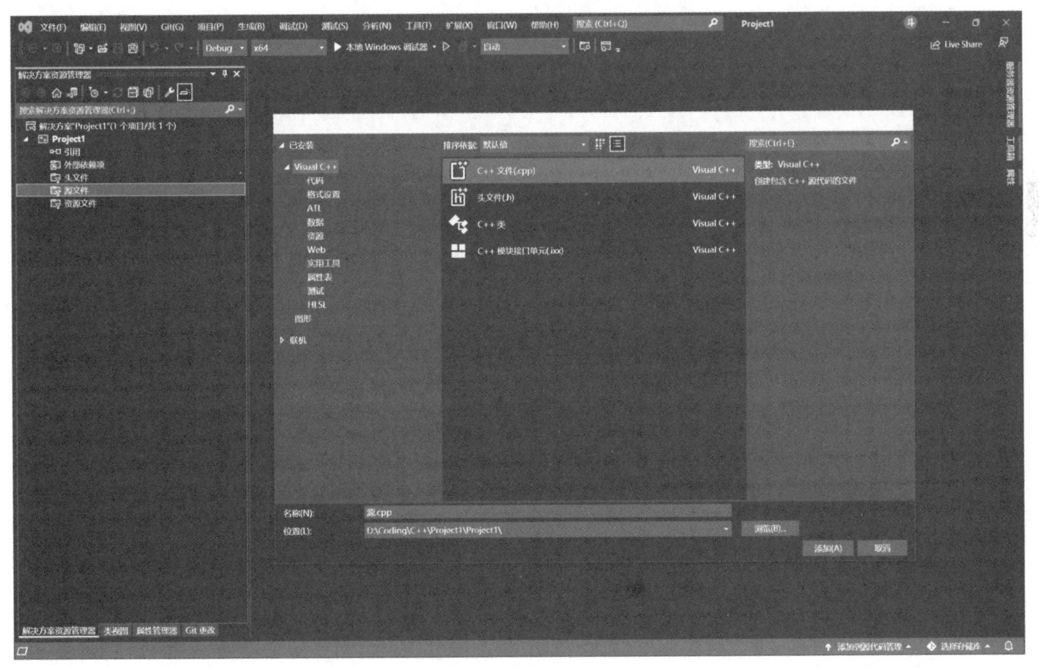

图 1-8　选择新建文件类型

编写好后，单击“本地 Windows 调试器”即可编译运行，或单击右边的“开始执行不调试”，如图 1-9 所示。

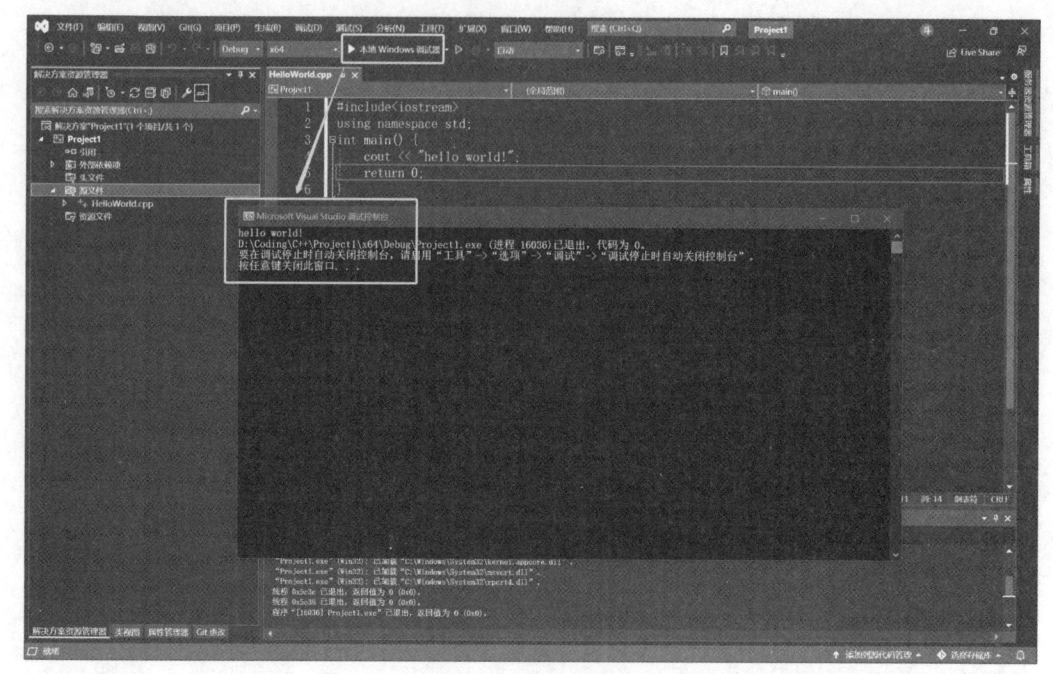


图 1-9 编译运行

## ◇1.3.3 更改背景颜色字体大小

依次单击"工具"→"选项",然后可以进行各种选项的更改,如图 1-10 所示。

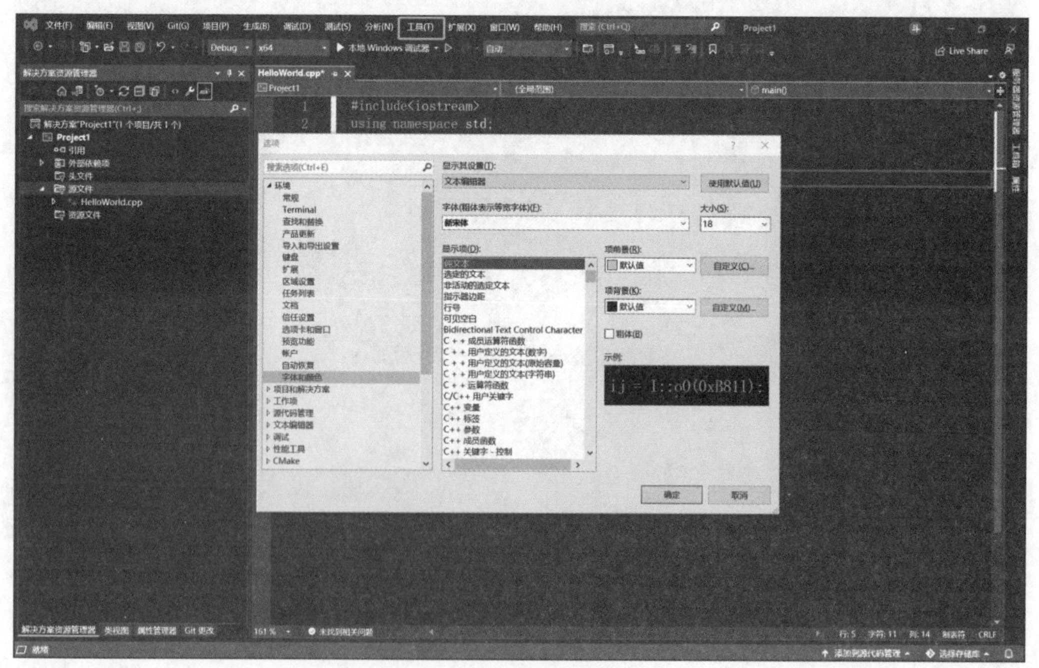


图 1-10 更改选项

# 1.4 Dev-C++ 操作说明

## ◇1.4.1 下载安装

下载地址为 https://pc.qq.com/search.html#! keyword=DEV,下载后安装即可。

## ◇1.4.2 创建 C++ 项目

单击“文件”→“新建”→“项目”(或者“源代码”),如图 1-11 所示。

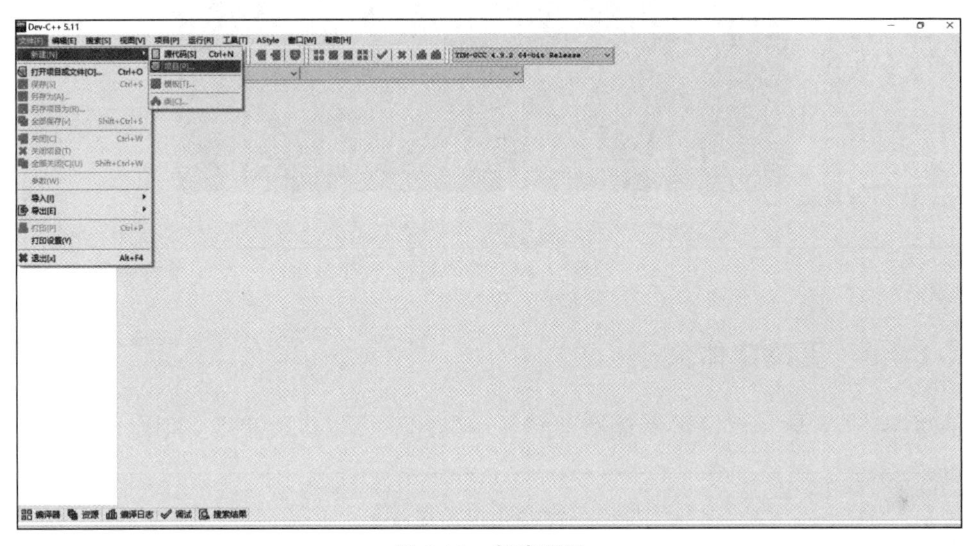


图 1-11 新建项目

选择 Console Application,如图 1-12 所示。

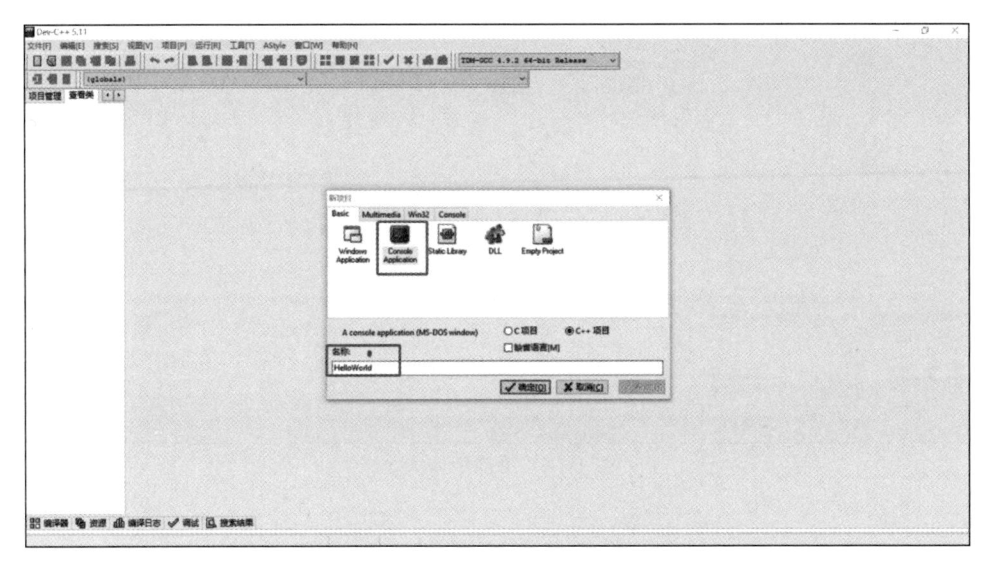


图 1-12 选择 Console Application

单击“编译运行”，如图 1-13 所示。

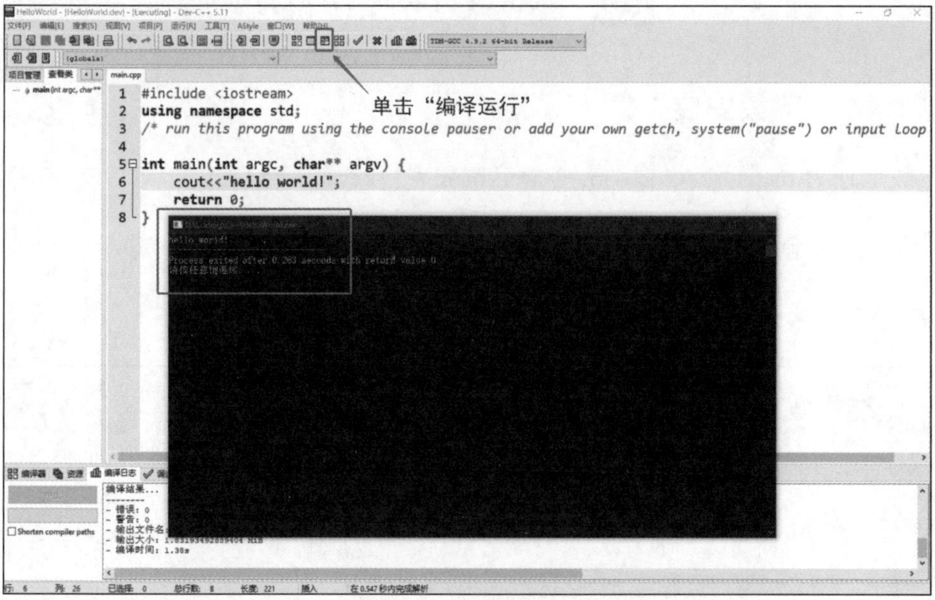

图 1-13 编译运行

## ◇1.4.3 更改字体大小

依次单击“工具”→“编辑器选项”→“显示”，然后可以进行更改，如图 1-14 所示。

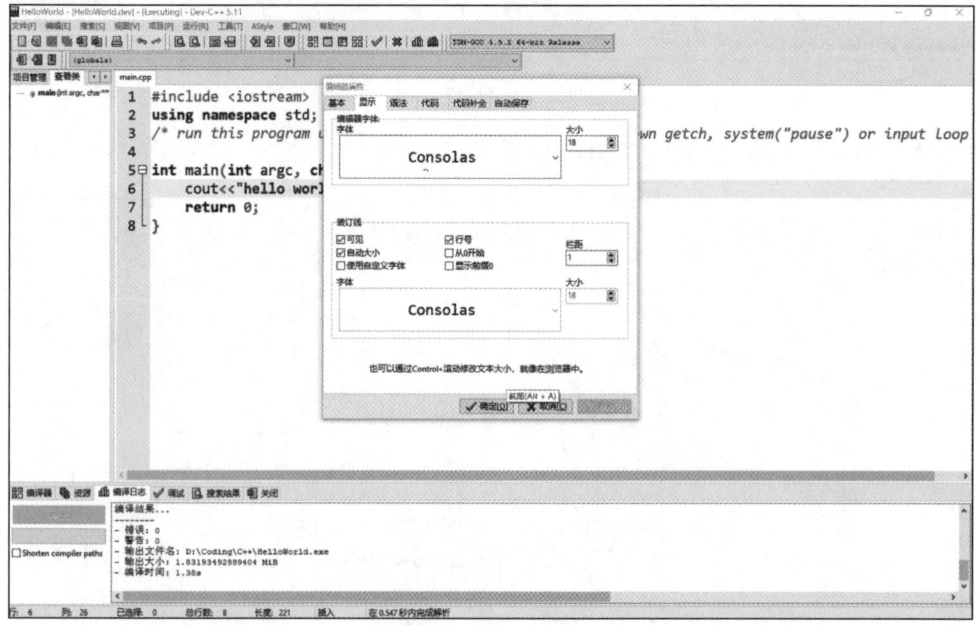


图 1-14 更改字体大小

# 第2章

# 数学若干问题

## 2.1 判断整数 $n$ 是否为质数

### ◇2.1.1 实验目的及要求

（1）熟悉质数的判断方法。
（2）掌握质数的改进判断方法，并完成代码。

### ◇2.1.2 实验内容

写出判断整数 $n$ 是否为质数的函数，在主函数中验证。

### ◇2.1.3 实验原理

**1. 质数的定义**

质数是指在大于 1 的自然数中，除了 1 和它本身以外不再有其他因数的自然数。

**2. 分析**

质数的定义是除了 1 和本身之外没有其他约束，因此判断 $n$ 是否为质数，根据定义直接判断从 2 到 $n-1$ 是否存在 $n$ 的约数即可。

算法伪代码如下：

```
bool isPrime_1(int n)
{
    若 n 小于 2 则不是质数,返回 0;
    循环检测从 2 到 n-1 的整数是否有 n 的因子,若有返回 0;   //用求余判断
    返回 1;                                                  //都除不尽则是质数
}
```

上面的判断方法效率极低，对于每个数 $n$，其实并不需要从 2 判断到 $n-1$，一个数如果可以进行因数分解，那么分解时得到的两个数一定是一个小于或等于 sqrt($n$)，一个大于或等于 sqrt($n$)，因此，上述代码中并不需要遍历到 $n-1$，只需遍历到 sqrt($n$)即

可，因为若 sqrt(*n*)左侧找不到约数，那么右侧也一定找不到约数。

改进后的算法如下。

```
bool isPrime_1( int n )
{
    若 n小于 2 的数不是质数，返回 0；
    循环检测从 2 到 sqrt ( n)的整数是否有 n的因子，若有返回 0；  //用求余判断
    返回 1；                                                    //都除不尽则是质数
}
```

开平方使用 sqrt()函数，包含于 math.h 头文件中。使用方法可以参考下例：

```
double x = sqrt(n);
```

实验中需要循环验证因数，C/C++ 中一般使用 for。for 循环允许编写一个执行特定次数的循环的重复控制结构。C++ 中 for 循环的语法如下。

```
for(init; condition; increment)
{
    statement(s);
}
```

下面是 for 循环的控制流。

init 会首先被执行，且只会执行一次。这一步允许声明并初始化任何循环控制变量。也可以不在这里写任何语句，只要有一个分号出现即可。

接下来会判断 condition。如果为真，则执行循环主体。如果为假，则不执行循环主体，且控制流会跳转到紧接着 for 循环的下一条语句。

在执行完 for 循环主体后，控制流会跳回上面的 increment 语句。该语句允许更新循环控制变量。该语句可以留空，只要在条件后有一个分号出现即可。

条件再次被判断。如果为真，则执行循环，这个过程会不断重复（循环主体，然后增加步值，再然后重新判断条件）。在条件变为假时，for 循环终止。

### ◇2.1.4 实验步骤

（1）了解质数判断方法，写出算法流程图和算法伪代码。

（2）写出主要代码，判断函数。

（3）根据改进后的算法编写程序，并在 main()函数中验证。

（4）分析算法复杂度，寻找优化空间。

（5）实验总结。

### ◇2.1.5 参考代码

参考代码如下。

```
1.  #include<stdio.h>
2.  #include<math.h>
3.  #include <stdbool.h>
4.  bool isPrime_2(int n)
5.  {
6.      if(n < 2) {
7.          return 0;
8.      }                           //小于 2 的数不是质数
9.      int tmp = sqrt(n);
10.     for (int i = 2; i <= tmp; ++i)
11.         if(n %i == 0)          //能除尽的话不是质数
12.             return 0;
13.     return 1;                   //都除不尽是质数
14. }
15. int main()
16. {
17.     int m;
18.     printf("请输入一个数(1<m<500000): ");
19.     scanf("%d", &m);
20.     if(isPrime_2(m))
21.         printf("%d 是质数!\n", m);
22.     else {
23.         printf("%d 不是质数!\n", m);
24.     }
25.     return 0;
26. }
```

### ◇2.1.6 实验结果

(1) 写出算法实现代码并给出程序运行结果。

(2) 给出数据记录并对算法运行结果进行分析,画出图表。

(3) 对算法进行复杂度分析。

实验过程分析,如图 2-1 所示。

图 2-1 可能出现的报错

错误 C4996'scanf': This function or variable may be unsafe. Consider using scanf_s instead. To disable deprecation, use _CRT_SECURE_NO_WARNINGS. See online help for details.

ANSI C 中没有 scanf_s(),只有 scanf(),但是 scanf()在读取时不检查边界,所以可能会造成内存访问越界,例如,分配了 5B 的空间但是读入了 10B。

scanf_s()和 scanf()几乎是一样的，但是 scanf_s()在字符串的读入上有不同，允许在参数中指定读入字符串的长度上限，以避免读入的内容长度超过已有的内存空间的长度。例如，如果这样写：

```
char word[10];
scanf("%s",word);
```

然后运行的时候输入了一个这样的字符串：

```
tooyoungtoosimple
```

那么这么长的字符串就会全部填在 word 数组里，超过它的长度，这样会出现偏差。为了避免出现这样的偏差，scanf_s()允许指定读入串的长度上限，于是这样修改：

```
scanf_s("%s",word,(rsize_t)sizeof word);
```

这样输入过长时就会产生错误，执行之前在 set_constraint_handler_s 中定义的错误处理函数，程序就不会在这里出偏差。而且，如果传入的参数有空指针，也会产生错误。也就是说，使用 scanf_s()比使用 scanf()要更安全。

因此，如果出现这个报错，需要把参考代码的 scanf()改为 scanf_s()。

输入验证数字 1331，输出结果不是质数，这是因为 1331 可以分解为 11×11×11，确实不是质数，如图 2-2 所示。

输入验证数字 191，输出结果是质数，这是因为 191 只有 1 和 191 两个因数，结果符合事实情况，如图 2-3 所示。

图 2-2 实验结果验证 1

图 2-3 实验结果验证 2

判断质数时需要遍历从 2 到$\sqrt{n}$中的数字，判断能不能整除，所以时间复杂度为$\sqrt{n}$；而使用的存储空间只有常数个，所以空间复杂度为 1。

## ◇2.1.7 实验总结

下面对本次实验进行结论陈述。

(1) 算法原理：一个数如果可以进行因数分解，那么分解时得到的两个数一定是一个小于或等于 sqrt($n$)，一个大于或等于 sqrt($n$)，因此，只需从 2 遍历到 sqrt($n$)看能否被 $n$ 整除即可。

(2) 需要注意的地方：1 不是质数也不是合数，2 是质数，这是两个比较特殊的情况，需要单独讨论，编写程序时往往容易错误分类 1 和 2。

(3) 算法复杂度分析：时间复杂度为$\sqrt{n}$，空间复杂度为 1。

# 2.2　筛法求质数表程序加注释

## ◇2.2.1　实验目的及要求

(1) 阅读并理解筛法求质数表程序代码。

(2) 掌握筛法求质数表方法,并完成代码。

## ◇2.2.2　实验内容

(1) 编写筛法求质数表的代码,在主函数中验证,探究方法比较复杂度。

(2) 掌握用筛法求质数表的方法来解决其他问题。

## ◇2.2.3　实验原理

质数表:将所有质数存入一个表中,便于后期使用。

埃拉托斯特尼筛法,简称埃氏筛或爱氏筛,是一种由希腊数学家埃拉托斯特尼所提出的简单检定质数的算法。要得到自然数 $n$ 以内的全部质数,必须把不大于$\sqrt{n}$的所有质数的倍数剔除,剩下的就是质数。

首先,将 2～$n$ 内的所有整数写下来。其中最小的数字 2 是质数。将所有 2 的倍数都划去。剩余的最小数字是 3,它不能被更小的数整除,所以是质数。再将所有 3 的倍数全都划去。以此类推,如果剩余的最小数字是 $m$ 时,$m$ 就是质数。然后将所有 $m$ 的倍数全部划去。像这样反复操作,就能依次枚举 $n$ 以内的质数。图 2-4 展示了筛数法运行过程。

| 2 | 3 | 4 | 5 | 6 | 7 | 8 | 9 | 10 | 11 | 12 | 13 | 14 | 15 | 16 | 17 | 18 | 19 | 20 |
|---|---|---|---|---|---|---|---|---|---|---|---|---|---|---|---|---|---|---|
| 2 | 3 | * | 5 | * | 7 | * | 9 | * | 11 | * | 13 | * | 15 | * | 17 | * | 19 | * |
| 2 | 3 | * | 5 | * | 7 | * | * | * | 11 | * | 13 | * | * | * | 17 | * | 19 | * |

图 2-4　筛数法过程示例

需要一张表记录质数,使用数组这个数据结构,数组可以存储一个固定大小的相同类型元素的顺序集合。数组是用来存储一系列数据,但它往往被认为是一系列相同类型的变量。

数组的声明并不是声明一个个单独的变量,如 number0、number1、…、number99,而是声明一个数组变量,如 numbers,然后使用 numbers[0]、numbers[1]、…、numbers[99] 来代表一个个单独的变量。数组中的特定元素可以通过索引访问。

所有的数组都是由连续的内存位置组成。最低的地址对应第一个元素,最高的地址对应最后一个元素。

在 C++ 中要声明一个数组,需要指定元素的类型和元素的数量,如下:

```
type arrayName [arraySize];
```

### ◇2.2.4　实验步骤

(1) 复习质数判定的算法。

(2) 写出筛法推导质数表的算法。

(3) 总结筛法求质数的复杂度,分析寻找优化方法。

(4) 编写筛法求质数表的代码,在主函数中验证,与2.1节的方法比较其复杂度。

### ◇2.2.5　参考代码

参考代码如下。

```
1. #include<stdio.h>
2. #include<math.h>
3. #include<stdlib.h>
4. int main()
5. {
6.     int m;
7.     printf("请输入一个数 m(1<m<500000):");
8.     scanf("%d", &m);
9.     int* prime = (int*)malloc(m * sizeof(int));
10.     for (int i = 0; i <= m; i++) {
11.         prime[i] = 1;                              //初始化所有的数为质数
12.     }
13.     for (int i = 2; i <= sqrt(m); i++) {          //从第一个质数 2 开始筛选
14.         if(prime[i]) {                             //如果是质数
15.             for (int j = i * i; j <= m; j += i) {  //则剔除掉它的倍数
16.                 prime[j] = 0;
17.             }
18.         }
19.     }
20.     printf("在 2 - %d 之间的质数有: \n", m);
21.     int j = 0;
22.     for (int i = 2; i <= m; i++) {
23.         if(prime[i]) {
24.             j++;
25.             printf("%5d", i);
26.             if(j %10 == 0) {
27.                 printf("\n");
28.             }
29.         }
30.     }
31.     return 0;
32. }
```

### ◇2.2.6 实验结果

(1) 写出算法实现代码并给出程序运行结果。

(2) 给出数据记录并对算法运行结果进行分析,画出图表。

(3) 对算法进行复杂度分析。

**1. 要点分析**

在编程练习过程中,使用数组或者指针的情况下必须注意数组越界、访问空指针这一类问题。举例来说,如图 2-5 所示,一个长度只有 5 的数组,如果访问了 arr[5]和 arr[6],理论上数组越界,程序报错。但实际上不会报错,造成这样最直接的原因就是编译器并不检查数组越界这一错误,需要自觉加仔细。实际上,数组只是一个指针,在访问数组的时候,只是根据首地址向后连续推算,只要有内存就行。例如,arr[5]等效 *(arr+5),实际上访问了 arr 后 5 位的一块内存。

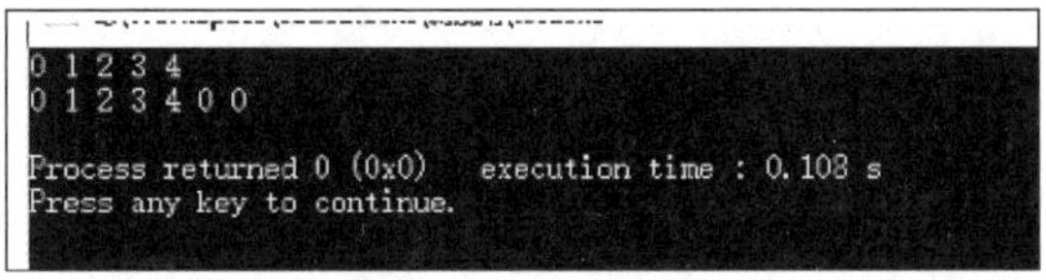

```
0 1 2 3 4
0 1 2 3 4 0 0

Process returned 0 (0x0)   execution time : 0.108 s
Press any key to continue.
```

图 2-5 一个例子

虽然这样也能存储,但因为在全局存储区中,内存是连续分配的,所以对越界位置的操作很可能导致操作了别的变量而难以预料的错误。

在程序内定义数组越界时,可能也会访问到别的变量的内存,但是因为内存分配方式(地址递减)不同,影响位置不一样。可以看下面这个例子。

```
#include <stdio.h>
int main(){
    int i,arr[5];
    int c=0;
    for(i=0;i<=5;i++,c++){
        arr[i]=0;
        if(c==100){
            break;
        }
    }
    return 0;
}
```

这个程序数组访问时已越界,因为 arr[5]实际上就是变量 $i=5$ 的赋值。所以使用数组时需特别注意这个问题。

输入 200,输出不大于 200 的所有质数:2,3,5,7,11,13,17,19,23,29,31,37,41,43,47,53,59,61,67,71,73,79,83,89,97,101,103,107,109,113,127,131,137,139,

149,151,157,163,167,173,179,181,191,193,197,199,如图 2-6 所示,与实际情况相符,确实实现了输出不大于 200 的所有质数的目标效果。

```
请输入一个数m (1<m<500000):200
在2 - 200 之间的质数有:
    2     3     5     7    11    13    17    19    23    29
   31    37    41    43    47    53    59    61    67    71
   73    79    83    89    97   101   103   107   109   113
  127   131   137   139   149   151   157   163   167   173
  179   181   191   193   197   199
C:\Users\32929\source\repos\Week06-3\Debug\Week06-3.exe (进程 25784)
已退出，代码为 0。
按任意键关闭此窗口. . .
```

图 2-6　实验结果示例图 1

输入 64,输出不大于 64 的所有质数：2,3,5,7,11,13,17,19,23,29,31,37,41,43,47,53,59,61,如图 2-7 所示,与实际情况相符,确实实现了输出不大于 64 的所有质数的目标效果。

```
在2 - 64 之间的质数有:
    2     3     5     7    11    13    17    19    23    29
   31    37    41    43    47    53    59    61
C:\Users\32929\source\repos\Week06-3\Debug\Week06-3.exe (进程 24484)
已退出，代码为 0。
按任意键关闭此窗口. . .
```

图 2-7　实验结果示例图 2

以上验证可以证明代码确实能实现筛法求质数表的目标效果。

**2. 代码复杂度分析**

埃氏筛法的时间复杂度为 $O(n\log\log n)$,证明过程比较复杂。埃氏筛法每次只对质数 $i$,把 $i\times \text{pri}[j]$筛一遍,容易给出,复杂度是 $O\left(n\sum_{p\leqslant n(p\in \text{prime})}\frac{1}{p}\right)$ 级别的,证明方法可以参见 Mark B. Villarino 的论文 *Mertens' Proof of Mertens' Theorem*。

空间复杂度,因为初始化申请空间大小为 $N$ 的数组,所以空间复杂度为 $N$。

可以发现,筛法求质数表相比一个一个数字判断是否是质数时间复杂度大大提升,因此可以在其他质数有关算法设计中使用筛法求质数表作为一个功能模块。

### ◇2.2.7　实验总结

下面对本次实验进行结论陈述。

(1) 算法原理：首先,将 2～$n$ 范围内的所有整数写下来。其中最小的数字 2 是质数。将所有 2 的倍数都划去。表中剩余的最小数字是 3,它不能被更小的数整除,所以是质数。再将所有 3 的倍数全都划去。以此类推,如果表中剩余的最小数字是 $m$ 时,$m$ 就是质数。然后将表中所有 $m$ 的倍数全部划去。像这样反复操作,就能依次枚举 $n$ 以内的质数。

（2）需要注意的地方：筛法需要注意数组访问时不能越界，否则会报错。同时 1 不是质数也不是合数，2 是质数，这是两个比较特殊的情况，需要单独讨论，编写程序时往往容易错误分类 1 和 2。

（3）算法复杂度分析：算法的时间复杂度为 $O(n\log\log n)$，空间复杂度为 $N$。

（4）总结：筛法求质数表性能强，运算快，在质数相关问题中经常作为前置或者基础方法使用，建议深入理解代码运作原理和算法流程，能熟练写出代码。

# 2.3 列举整数 N 的所有质因子

## ◇2.3.1 实验目的及要求

（1）熟悉运用质数的判断方法。

（2）掌握输出 $N$ 的所有质因子的判断方法，并完成代码。

## ◇2.3.2 实验内容

编写代码实现输出整数 $N$ 的所有质因子的功能，并在主函数中验证。

## ◇2.3.3 实验原理

质因子的定义是能整除给定正整数的质数，也就是质数的因子。要找出 $N$ 的所有质因子，可以在找 $N$ 的因子的同时，去判断该因子是否是质数。

求出一个数的所有因子的代码：

```
void printFactor(int m) {
   for(int i = 2; i <= m/2 ; i++)
   {
      if(m%i == 0)
      {
         printf("%d ", i);
      }
   }
}
```

结合 2.1 节中判断质数的函数，可以列举出整数 $N$ 的所有质因子。2.1 节中判断一个数是否是质数的方法如下。

```
bool isPrime_1(int n)
{
    若 n 小于 2 的数不是质数，返回 0;
    循环检测从 2 到 sqrt(n)的整数是否有 n 的因子，若有返回 0;   //用求余判断
    返回 1;                                                   //都除不尽则是质数
}
```

在判断一个数是所求因数时,再通过上面的算法判断是否是质数,当两个条件都符合时,则是所求数字的质因数,可以输出。

### ◇2.3.4 实验步骤

(1) 复习 2.1 节中判断一个数是否为质因数的算法。

(2) 编写程序实现输出一个数所有因数的算法,并验证。

(3) 将上述两个方法结合编写程序列举整数 $N$ 的所有质因子。

(4) 在 main()函数中验证算法正确性。

### ◇2.3.5 参考代码

参考代码如下。

```
1.   #include<stdio.h>
2.   #include<math.h>
3.   #include <stdbool.h>
4.   bool isPrime_2(int n)
5.   {
6.       if(n < 2) {
7.          return 0;
8.       }                                        //小于 2 的数不是质数
9.       int tmp = sqrt(n);
10.      for(int i = 2; i <= tmp; ++i)
11.         if(n %i == 0)                         //能除尽的话不是质数
12.            return 0;
13.      return 1;                                //都除不尽是质数
14.  }
15.  int main()
16.  {
17.     int N;
18.     printf("请输入一个数 N(1<N<500000): ");
19.     scanf("%d", &N);
20.     for(int i = 2; i <= N / 2; i++)
21.     {
22.         if(N%i == 0 && isPrime_2(i))         //如果 i 是 N 的因子,并且是质数
23.         {
24.             printf("%d\t", i);
25.         }
26.      }
27.      return 0;
28.  }
```

### ◇2.3.6 实验结果

(1) 写出算法实现代码并给出程序运行结果。

(2) 给出数据记录并对算法运行结果进行分析,画出图表。

(3) 对算法进行复杂度分析。

**1. 代码说明**

输出代码中\t的意思是水平制表(跳到下一个Tab位置),相当于打字的时候按Tab键的效果,当需要输出数据比较整齐的时候使用。每个数据之间默认是8个字符。制表符(也叫制表位)的功能是在不使用表格的情况下在垂直方向按列对齐文本。比较常见的应用包括名单、简单列表等。也可以应用于制作页眉、页脚等同一行有几个对齐位置的行。Tab是Tabulator(制表键)的缩写,由此可以看出,它的最原始用处是用于绘制表格,准确地讲,是用来绘制没有线条的表格——因为早期的计算机不像现在的图形界面可以用鼠标来绘制,通常都是用键盘控制字符的对齐,为了使各个列都可以很方便地对齐。

输入验证数字1347,输出结果不是质数,两个质因子为3和449,符合实际情况,验证正确,如图2-8所示。

图 2-8　实验结果验证 1

输入验证数字1097,没有输出数字,这是因为数字1097是质数,不存在质因数,验证正确,如图2-9所示。

图 2-9　实验结果验证 2

**2. 实验复杂度分析**

两个循环嵌套,外层时间复杂度为$N/2$,内层时间复杂度为$\sqrt{N}$,故整体时间复杂度为$O(N^{2/3})$;使用内存空间为常数,所以空间复杂度为1。

## ◇2.3.7　实验总结

下面对本次实验进行结论陈述。

(1) 算法原理:质因子的定义是能整除给定正整数的质数,也就是质数的因子。要找出$N$的所有质因子,可以在找$N$的因子的同时,去判断该因子是否是质数。

(2) 需要注意的地方:1不是质数也不是合数,2是质数,这是两个比较特殊的情况,需要单独讨论,编写程序时往往容易错误分类1和2。分析因数时,只需要判断2~$N/2$这个范围就可以,以减少算法复杂度。

(3) 算法复杂度分析:算法的时间复杂度为$O(N^{2/3})$,空间复杂度为1。

# 2.4 一元多项式除法

## ◇2.4.1 实验目的及要求

(1) 熟悉运用多项式除法的演算过程和方法。

(2) 掌握输出 $N$ 的所有质因子的判断方法,并完成代码。

## ◇2.4.2 实验内容

按照教材中对一元多项式的存储形式,写出一元多项式除法的程序,并将教材上除法的例子数据($x^3-3x^2-x-1$ 除以 $3x^2-2x+1$)代入,输出结果。

## ◇2.4.3 实验原理

一元多项式除法可以仿照数字的竖式除法,用减法来实现带余项的除法。其演算过程如下。

(1) 把被除式、除式按变量做降幂排列,并把所缺的项用零补齐。

(2) 用被除式的第一项除以除式的第一项,得到商式的第一项。

(3) 用商式的第一项去乘除式,把积写在被除式下面(同类项对齐),消去相等项,把不相等的项结合起来。

(4) 把减得的差当作新的被除式,再按照上面的方法继续演算,直到余式为零或余式的次数低于除式的次数时为止。

实现思路:

(1) 设 $P(X)$为被除式、$Q(x)$为除式、$R(x)$为商式,若 $P(X)$最高次项为 $m$ 次,$Q(x)$最高次项为 $n$ 次,则 $R(x)$最高次项为 $m-n$ 次。

(2) 若用数组 $a$、$b$、$c$ 存储 $P(X)$、$Q(x)$、$R(x)$,则第一次运算用 $a[m]/b[n]$,并将结果放到 $c[m-n]$中,然后从数组 $a$ 最高次开始依次减去 $c[m-n]$乘以数组 $b$。

(3) 第二次运算用新的数组 $a$ 和数组 $b$ 继续上面的运算过程(此时 $m$ 变为 $m-1$)。

(4) 重复执行第(2)和(3)步,直到数组 $a$ 全为 0 或者数组 $a$ 中的最高次项(即不为 0 的最大下标)小于数组 $b$ 中的最高次项。

下面给出多项式相除函数。

```
void div(float a[], int m, float b[], int n, float c[])
{
    int i, j;
    for(i = m - n; i >= 0; i--) {
        c[i] = a[i + n] / b[n];             //商式系数
        for(j = n; j >= 0; j--) {
```

```
            a[i + j] = a[i + j] - b[j] * c[i];
        }
    }
}
```

## ◇2.4.4　实验步骤

（1）了解一元多项式除法计算方法。

（2）写出算法伪代码，验证可行性。

（3）参考教材，编写代码实现一元多项式除法计算，并且写上注释，最后在主函数中验证。

（4）将教材中除法的例子数据（$x^3-3x^2-x-1$ 除以 $3x^2-2x+1$）代入，输出结果。

（5）验证算法结果是否正确，总结算法复杂度。

（6）扩展，探究多项式乘法、多项式求值等算法代码实现。

## ◇2.4.5　参考代码

参考代码如下。

```
1.  #include <stdio.h>
2.  #define N 100        //假定运算的结果不超过 100 项(指数<100)
3.  //多项式输入函数
4.  void input(float y[], int m)
5.  {
6.      int i;
7.      for (i = 0; i < m; i++)
8.          scanf("%f", &y[i]);
9.    }
10. //多项式输出函数
11. void output(float a[], int x)
12. {
13.     int i, sum = 0;
14.     for (i = 0; i < x; i++)
15.     {
16.         if(a[i] == 0)
17.             continue;                  //某次幂的项不存在,跳过
18.         if(i == 0)                     //0 次幂的系数直接输出
19.             printf("%f", a[i]);
20.         else if(i == 1)                //1 次幂的情况,不输出"^1"(1 次方)
21.         {
22.             if(a[i] == 1)              //系数为 1 不输出系数,只输出'+'
23.                 printf("+X");
24.             else if(a[i] == -1)        //系数为-1 不输出系数,只输出'-'
```

```
25.                 printf("-X");
26.             else if(a[i] > 0)                    //系数>0 的情况
27.                 printf("+%fX", a[i]);
28.             else if(a[i] < 0)                    //系数<0 的情况
29.                 printf("%fX", a[i]);
30.     }
31.     else                                         //非 1 次幂的情况,输出" ^d"(d 次方)
32.     {
33.         if(a[i] == 1)                            //系数为 1
34.             printf("+X^%d", i);
35.         else if(a[i] == -1)                      //系数为-1
36.             printf("-X^%d", i);
37.         else if(a[i] > 0)
38.             printf("+%fX^%d", a[i], i);          //系数>0
39.         else if(a[i] < 0)
40.             printf("%fX^%d", a[i], i);           //系数<0
41.         }
42.     }
43. }
44. //多项式相乘函数,c = a * b
45. void multiply(float a[], int m, float b[], int n, float c[])
46. {
47.     int i, j;
48.     for(i = 0; i < m + n; i++)
49.         c[i] = 0;
50.     for(i = 0; i < m; ++i)
51.     {
52.         for (j = 0; j < n; ++j)
53.         {
54.             c[i + j] = a[i] * b[j] + c[i + j];
55.         }
56.     }
57. }
58. //多项式相除函数
59. void div(float a[], int m, float b[], int n, float c[])
60. {
61.     int i, j;
62.     for (i = m - n; i >= 0; i--) {
63.         c[i] = a[i + n - 1] / b[n - 1];
64.         for (j = n; j > 0; j--) {
65.             a[i + j - 1] = a[i + j - 1] - b[j - 1] * c[i];
66.         }
67.     }
68. }
```

```
69.  int main()
70.  {
71.      int m, n, max, t, w, i;
72.      int o = 1;
73.      float P[N], Q[N], R[N];
74.      int index;
75.      for(i = 0; i < N; i++)
76.      {
77.          P[i] = 0;
78.          Q[i] = 0;
79.      }
80.      printf("请输入一元多项式 P(X)的项数 m(0<m<=100): ");
81.      scanf("%d", &m);
82.      printf("请输入 P(X)的系数(按指数由小到大排列的方式输入): ");
83.      input(P, m);
84.      printf("输入的多项式 P(X)=");
85.      output(P, m);
86.      printf("\n\n请输入一元多项式 Q(X)的项数 n(0<n<=100): ");
87.      scanf("%d", &n);
88.      printf("请输入 Q(X)的系数(按指数由小到大排列的方式输入): ");
89.      input(Q, n);
90.      printf("输入的多项式 Q(X)=");
91.      output(Q, n);
92.      printf("\n\n两多项式相除商式为: ");
93.      div(P, m, Q, n, R);
94.
95.      output(R, m - n + 1);
96.      //计算余式的项数
97.      int tmp = 0;
98.      for(int i = 0; i < N; i++) {
99.          if(P[i] != 0) {
100.             tmp++;
101.         }
102.         else
103.             break;
104.     }
105.     if(tmp == 0) {
106.         printf("\n没有余式。");
107.     }
108.     else {
109.         printf("\n余式为: ");
110.         output(P, tmp);
111.     }
112.     printf("\n\n");
113.     return 0;
114. }
```

### ◇2.4.6 实验结果

(1) 写出算法实现代码并给出程序运行结果。

(2) 给出数据记录并对算法运行结果进行分析,画出图表。

(3) 对算法进行复杂度分析。

**1. 代码分析**

前面已分析 C++ 中流程控制 for 的使用和运行流程,实际使用中除了使用 for,有时候还需要直接跳出循环,或者跳出当前循环进入下个循环等更加精细的流程控制。循环控制语句更改执行的正常序列。当执行离开一个范围时,所有在该范围中创建的自动对象都会被销毁。

C++ 提供了下列控制语句,如表 2-1 所示。

表 2-1 C++ 中的控制语句

| 控制语句 | 描　述 |
| --- | --- |
| break 语句 | 终止 loop 或 switch 语句,程序流将继续执行紧接着 loop 或 switch 的下一条语句 |
| continue 语句 | 引起循环跳过主体的剩余部分,立即重新开始测试条件 |
| goto 语句 | 将控制转移到被标记的语句。但是不建议在程序中使用 goto 语句 |

第一个验证,输入 $P(x)=1+2x+x^2$,$Q(x)=2+4x+2x^2$,输出答案为 0.5,没有余式,如图 2-10 所示。这个答案与实际情况相同,验证通过。

```
Microsoft Visual Studio 调试控制台
请输入一元多项式 P(x)的项数 m(0<m<=100): 3
请输入 P(x)的系数（按指数由小到大排列的方式输入）: 1 2 1
输入的多项式 P(x)=1.000000+2.000000x+x^2

请输入一元多项式 Q(x)的项数 n(0<n<=100): 3
请输入 Q(x)的系数（按指数由小到大排列的方式输入）: 2 4 2
输入的多项式 Q(x)=2.000000+4.000000x+2.000000x^2

两多项式相除商式为: 0.500000
没有余式。


C:\Users\32929\source\repos\Week06-3\Debug\Week06-3.exe (进程 2
按任意键关闭此窗口. . .
```

图 2-10 实验结果验证 1

第二个验证,输入 $P(x)=1+3x+6x^2+3x^3$,$Q(x)=3+2x$,输出答案为 $0.375\ 000+0.750\ 000x+1.500\ 000x^2$,余式为 $-0.125000$,如图 2-11 所示。这个答案与实际情况相同,验证通过。

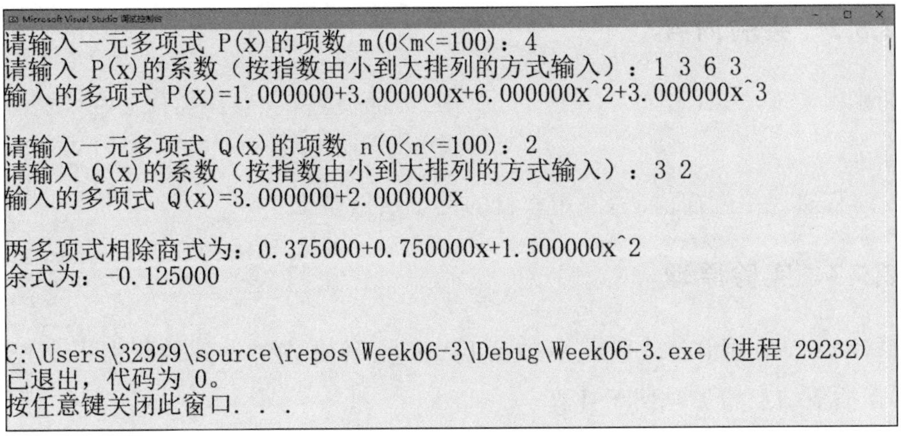
Microsoft Visual Studio 调试控制台
请输入一元多项式 P(x)的项数 m(0<m<=100)：4
请输入 P(x)的系数（按指数由小到大排列的方式输入）：1 3 6 3
输入的多项式 P(x)=1.000000+3.000000x+6.000000x^2+3.000000x^3
请输入一元多项式 Q(x)的项数 n(0<n<=100)：2
请输入 Q(x)的系数（按指数由小到大排列的方式输入）：3 2
输入的多项式 Q(x)=3.000000+2.000000x
两多项式相除商式为：0.375000+0.750000x+1.500000x^2
余式为：-0.125000
C:\Users\32929\source\repos\Week06-3\Debug\Week06-3.exe (进程 29232)
已退出，代码为 0。
按任意键关闭此窗口. . .

图 2-11　实验结果验证 2

**2. 复杂度分析**

假设输入多项式项数分别为 $M$ 和 $N$，由于存在嵌套循环，时间复杂度可以认为是 $O(MN)$，需要存储两个多项式的系数，故空间复杂度为 $O(M+N)$。

### ◇2.4.7　实验总结

下面对本次实验进行结论陈述。

（1）算法原理：一元多项式除法可以仿照数字的竖式除法，用减法来实现带余项的除法。把被除式、除式按变量做降幂排列，并把所缺的项用零补齐；用被除式的第一项除以除式的第一项，得到商式的第一项；用商式的第一项去乘除式，把积写在被除式下面（同类项对齐），消去相等项，把不相等的项结合起来；把减得的差当作新的被除式，再按照上面的方法继续演算，直到余式为零或余式的次数低于除式的次数时为止。

（2）需要注意的地方：对于特殊情况，比如 0 作为除数等情况特殊处理。

（3）算法复杂度分析：算法的时间复杂度为 $O(MN)$，空间复杂度为 $O(M+N)$。

（4）扩展，参考代码已经给出多项式乘法的处理函数，理解后尝试自己编写实现。此外，还可以探索实现加法、减法和乘法等更多相关算法。

## 2.5　差商和牛顿插值多项式

### ◇2.5.1　实验目的及要求

（1）了解牛顿插值定义和使用场景。

（2）掌握牛顿插值程序代码。

（3）可以使用牛顿插值解决一些实际问题。

## ◇2.5.2 实验内容

(1) 编程实现已知$(x_i, y_i)(i=0,1,\cdots,n)$为插值点,求牛顿插值法在 $xx$ 位置的近似值。

(2) 编程实现牛顿插值法,并用教材的例子数据验证。

## ◇2.5.3 实验原理

牛顿(Newton)插值公式是代数插值方法的一种形式。牛顿插值引入了差商的概念,使其在插值结点增加时便于计算。

$f(x)$在$[x_0,x_1],[x_1,x_2],\cdots,[x_{n-1},x_n]$的一阶差商为:

$$f[x_0,x_1]=\frac{f(x_1)-f(x_0)}{x_1-x_0},\quad f[x_1,x_2]=\frac{f(x_2)-f(x_1)}{x_2-x_1},\cdots,$$

$$f[x_{n-1},x_n]=\frac{f(x_n)-f(x_{n-1})}{x_n-x_{n-1}}$$

一般使用下面的符号表示 $f(x)$在 $x_i$、$x_j$ 上的一阶差商:

$$f[x_i,x_j]\equiv\frac{f(x_j)-f(x_i)}{x_j-x_i}$$

推广可得,$f(x)$在 $x_0,x_1,\cdots,x_n$ 的$n$ 阶差商为:

$$f[x_0,x_1,\cdots,x_n]\equiv\frac{f[x_1,x_2,\cdots,x_n]-f[x_0,x_1,\cdots,x_{n-1}]}{x_n-x_0}$$

差商具有如下性质:

$$f[x_0,x_1,\cdots,x_n]=\sum_{j=0}^{k}\frac{f(x_j)}{(x_j-x_0)(x_j-x_1)\cdots(x_j-x_{j-1})(x_j-x_{j+1})\cdots(x_j-x_k)}$$

牛顿插值多项式可表示为:

$$P_n(x)=f(x_0)+f[x_0,x_1](x-x_0)+f[x_0,x_1,x_2](x-x_0)(x-x_1)$$
$$+\cdots+f[x_0,x_1,\cdots,x_n](x-x_0)(x-x_1)\cdots(x-x_{n-1})$$

显然,要得到牛顿插值多项式只要计算一阶、二阶、…、$n$ 阶差商即可。

差商有以下两种算法。

(1) 方法 1:用差分的性质计算。即:

$$f[x_0,x_1,\cdots,x_k]=\sum_{j=0}^{k}\frac{f(x_j)}{\prod\limits_{\substack{i=0\\i\neq j}}^{k}(x_j-x_i)}$$

(2) 方法 2:用如表 2-2 所示表格计算。

表 2-2 差分计算方法

| $x^i$ | $f(x_i)$ | 一阶差商 | 二阶差商 | 三阶差商 | $k$阶差商 |
| --- | --- | --- | --- | --- | --- |
| $x_0$ | $f(x_0)$ | | | | |
| $x_1$ | $f(x_1)$ | $f[x_0,x_1]$ | | | |
| $x_2$ | $f(x_2)$ | $f[x_1,x_2]$ | $f[x_0,x_1,x_2]$ | | |
| $x_3$ | $f(x_3)$ | $f[x_2,x_3]$ | $f[x_1,x_2,x_3]$ | $f[x_0,x_1,x_2,x_3]$ | |
| $x_4$ | $f(x_4)$ | $f[x_3,x_4]$ | $f[x_2,x_3,x_4]$ | $f[x_1,x_2,x_3,x_4]$ | |
| ⋮ | ⋮ | ⋮ | ⋮ | ⋮ | ⋱ |
| $x_k$ | $f(x_k)$ | $f[x_{k-1},x_k]$ | $f[x_{k-2},x_{k-1},x_k]$ | … | … $f[x_0,x_1,\dots,x_k]$ |
| ⋮ | ⋮ | | | | |

利用 $f(x)$在 $x_0,x_1,\cdots,x_n$ 的函数值先计算一阶差商,再用一阶差商计算二阶差商。例如,计算二阶差商,用公式 $f[x_i,x_j,x_k]\equiv\dfrac{f[x_j,x_k]-f[x_i,x_j]}{x_k-x_i}$,以此类推。

利用方法 1 的算法的伪代码如下。

```
//k 阶差商,即求 a_i
double ChaShang(double * x, double * y, int k)
{
    定义 k 阶差商结果 f=0;                      //差商初始值
    for(int i=0;i<k+1;i++)
    {
        定义子项初始值 temp=y[i];              //第 i 子项分子
        利用 temp 和 x 坐标计算第 i 子项数据;   //即方法 1 公式累加和中的第 i 子项
        将第 i 子项累加到 f;
    }
    return f;
}
double Newton(double * x, double * y,double xx, int n){
    定义前 n 项数据 result=0;
    for(int i=0;i<n;i++){
        计算 i 阶差商,即求 a_i;                //系数
        计算(xx- x_0)(xx- x_1)…(xx- x_i)存于 temp;
        将牛顿插值多项式的一项 a_i * temp 累加到 result 中;
    }
    return result;
}
```

本题目也可以利用方法 2 计算差商,方法 1、方法 2 实现一种即可。

### ◇2.5.4 实验步骤

(1) 编程实现牛顿插值法计算差商并在主函数中验证。

（2）代入书中案例使用方法1中的函数求出答案并检验评估。

### ◇2.5.5 参考代码

参考代码如下。

```
1. #include<stdio.h>
2. #define N 100
3. double ChaShang(double* x, double* y, int k) {  //k阶差商,即求ai
4.    double f = 0;
5.    double temp = 0;
6.    for (int i = 0; i < k + 1; i++) {
7.      temp = y[i];
8.      for (int j = 0; j < k + 1; j++)
9.          if(i != j) temp /= (x[i] - x[j]);
10.         f += temp;
11.    }
12.    return f;
13. }
14. double Newton(double* x, double* y, double xx, int n) {
15.    double result = 0;
16.    for (int i = 0; i < n; i++) {
17.      double temp = 1;
18.      double f = ChaShang(x, y, i);
19.      for (int j = 0; j < i; j++) {
20.          temp = temp * (xx - x[j]);
21.      }
22.      result += f * temp;
23.    }
24.    return result;
25. }
26. int main() {
27.    double x[N], y[N], xx, yy;
28.    int i, n;
29.    printf("输入插值点的数目(0<n<20):");
30.    scanf("%d", &n);
31.    if(n <= 0 || n >= 20)
32.    {
33.        printf("n超界!");
34.        return 1;
35.    }
36.    for (i = 0; i <= n - 1; i++)            //输入n个插值点坐标
37.    {
38.        printf("x[%d]=", i);
39.        scanf("%lf", &x[i]);
```

```
40.         printf("y[%d]=", i);
41.         scanf("%lf", &y[i]);
42.     }
43.     printf("\n");
44.     printf("输入要计算的位置 x = ");
45.     scanf("%lf", &xx);
46.     yy = Newton(x, y, xx, n);
47.     printf("x=%f,y=%f\n", xx, yy);
48.     return 0;
49. }
```

### ◇2.5.6 实验结果

（1）写出算法实现代码并给出程序运行结果。

（2）给出数据记录并对算法运行结果进行分析，画出图表。

（3）对算法进行复杂度分析。

**1. 代码相关说明**

函数中两个函数传参的形式参数使用的都是指针。每次函数调用时，都会重新创建该函数的形参，此时所传递的实参将会初始化对应的形参。

引用形参直接关联到其绑定的对象，而并非这些对象的副本。每次调用函数时，引用形参被创建并与相应实参关联。如果将 swap()函数的参数修改为引用形参：

```
void swap(int& a, int& b)
{
    int temp = a;
    a = b;
    b = temp;
}
```

当要使用数组作为函数形参时，因为一个数组不能使用另外一个数组初始化，也不能将一个数组赋值给另外一个数组，所以实参为数组时，不能直接传递给形参。

例如，一个函数的作用是找出数组中的最大数，数组为该函数的参数，则可以用如下三种方式定义该函数。

```
int FindMax(int * array);
int FindMax(int array[]);
int FindMax(int array[10]);
```

虽然不能直接传递数组，但是函数的形参可以写成数组的形式。此时，调用该函数使得实参数组被编译器自动转换为指针，也就是说，以上三种定义是等价的，其参数类型都是 int * 。

调用该函数时，直接将数组名称作为实参即可。

```
int array_my[5] = {1, 2, 3, 4, 5};
int array_maxvalue = FindMax(array_my);
```

从 $y=x^2$ 上取出10个点(1,1),(2,4),(3,9),(4,16),(5,25),(6,36),(7,49),(8,64),(9,81),(10,100)作为已知点，使用插值法估算 $x=5.6$ 时的值，输出结果为31.36，经过验证和牛顿插值法估算结果一致，和原始函数的值的误差也非常小，如图2-12所示。

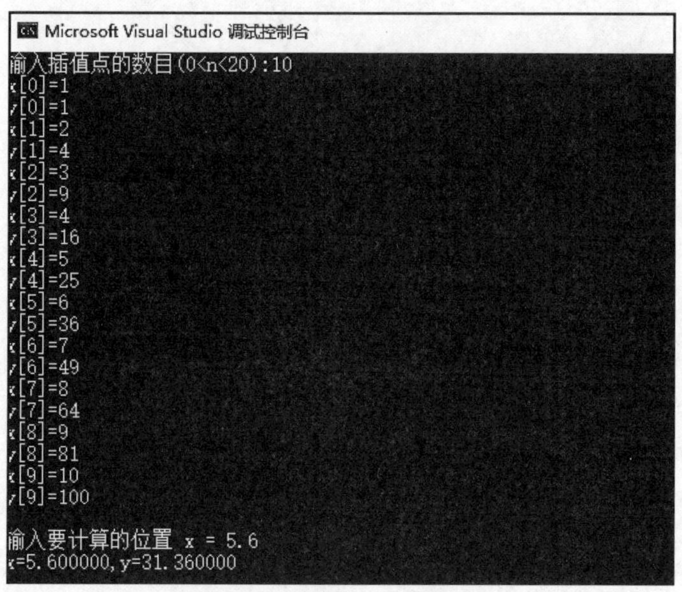


图 2-12 实验结果验证 1

从 $y=x^{1/2}$ 上取出5个点(1,1),(2,1.414),(3,1.732),(4,2),(5,2.236),作为已知点，使用插值法估算 $x=1.44$ 时的值，输出结果为1.198，经过验证和牛顿插值法估算结果一致，和原始函数的值(1.20)的误差也非常小，如图2-13所示。

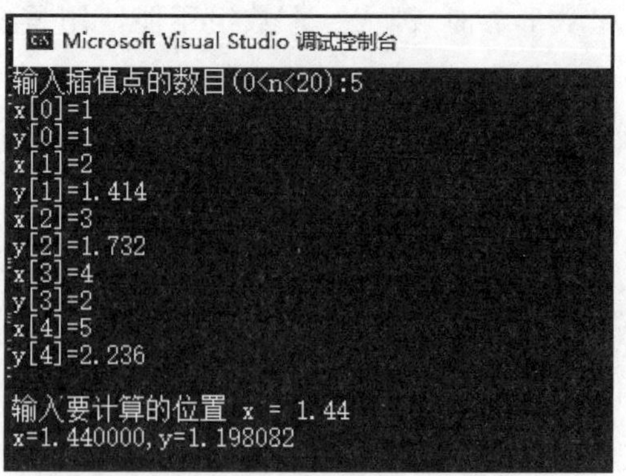


图 2-13 实验结果验证 2

以上验证结果证明，代码可实现牛顿插值法估算函数值，并且估算值确实能用来估计函数值，符合要求。

**2. 复杂度分析**

假设输入时取 $N$ 个点来估计值，由于在对每个点求差商时都需要进行大约 $N^2$ 数量级的计算，故时间复杂度为 $O(N^3)$，对每个点求差商时都只需要常数个辅助空间来计算，空间复杂度为 $O(n)$。

### ◇2.5.7 实验总结

下面对本次实验进行结论陈述。

(1) 算法原理：计算牛顿插值多项式只要计算一阶、二阶、…、$n$ 阶差商即可，再使用插值多项式来计算函数所求点估计值。

(2) 需要注意的地方：函数传参时值传递和地址传递两种方式以及实现方法。

(3) 算法复杂度分析：算法的时间复杂度为 $O(N^3)$，空间复杂度为 $O(n)$。

## 2.6 二分法求解方程的根

### ◇2.6.1 实验目的及要求

(1) 学习二分法求方程根的理论。

(2) 利用该理论能够构造求解该类典型问题数值解的算法。

(3) 应用算法去解决具体的非线性方程的求根问题。

(4) 通过编程练习提高程序设计能力。

### ◇2.6.2 实验内容

代码实现用二分法求解 $5\sin(x)-x/2-1=0$。

其中，二分法求解方程主要步骤如下。

给定精确度 $\xi$，用二分法求函数 $f(x)$零点近似值的步骤如下。

(1) 确定区间$[a,b]$，验证 $f(a)\cdot f(b)<0$，给定精确度 $\xi$。

(2) 求区间$(a,b)$的中点 $c$。

(3) 计算 $f(c)$。

① 若 $f(c)=0$，则 $c$ 就是函数的零点。

② 若 $f(a)\cdot f(c)<0$，则令 $b=c$。

③ 若 $f(c)\cdot f(b)<0$，则令 $a=c$。

④ 判断是否达到精确度 $\xi$：即若$|a-b|<\xi$，则得到零点近似值 $a$(或 $b$)，否则重复步骤(2)～(4)。

图 2-14 是二分法求方程解的一个例子。

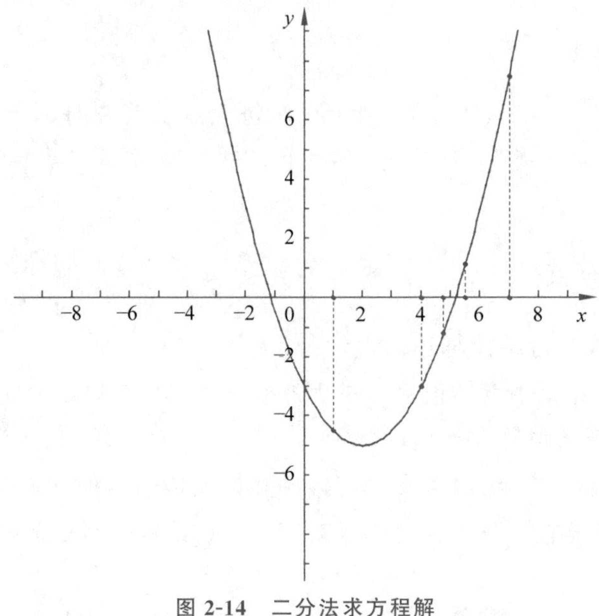


图 2-14　二分法求方程解

### ◇2.6.3　实验原理

二分法的基本思想是逐步将非线性方程 $f(x)=0$ 的有根区间二分，通过判断函数值的符号，逐步对半缩小有根区间，直到区间缩小到容许误差范围之内，然后取区间的中点为根的近似值。

算法伪代码如下。

```
double f(float x)
{
    定义方程左侧表达式;
}
int main()
{
    定义变量 a, b;              //输入求解区间
    定义求解区间中点 mid;
    定义中间变量 fa, fmid, fb;
    输入求解区间 a 和 b;
    if(f(a) * f(b) > 0) {
        异常处理退出;
    }

    //利用二分法求解
    while (a 和 b 区间是否足够小)
```

```
    {
        计算 a 和 b 的中间点 mid;
        if(a 和 mid 的函数值同号)
            a = mid;
        else
            b = mid;
    }
    输出计算结果;
}
```

## ◇2.6.4 实验步骤

(1) 了解二分法求解的算法流程和原理。

(2) 编程实现二分法求解的函数,并在主函数中验证。

(3) 输入例题要求函数,输出答案。

(4) 画图分析,检验答案误差情况。

(5) 扩展探究二分法在排序、查询方面的运用。

## ◇2.6.5 参考代码

参考代码如下。

```
1.  #include <stdio.h>
2.  #include <math.h>
3.  double f(float x)
4.  {
5.  double y=5 * sin(x)-x/2-1;
6.  return y;
7.  }
8.  int main()
9.  {
10.     float a,b,mid,fa,fmid,fb;
11.     printf("输入求解区间: ");
12.     scanf_s("%f %f",&a,&b); //输入 a=-10; b=10;
13.     if(f(a) * f(b)>0) {
14.     printf("[%6.2f,%6.2f]区间上不一定有根!",a,b);
15.     return 0;
16.     }
17.     //利用二分法求解
18.     while (fabs(a-b)>=0.000001)
19.     {
20.     mid=(a+b)/2;
21.     fa=f(a);
22.     fmid=f(mid);
```

```
23.     if(f==0) break;
24.     else if(fa * fmid>0) a=mid;
25.     else b=mid;
26.     }
27.     printf("方程的解是: %6.6f", (a+b)/2);
28.   }
```

## ◇2.6.6 实验结果

(1) 写出算法实现代码并给出程序运行结果。

(2) 给出数据记录并对算法运行结果进行分析,画出图表。

(3) 对算法进行复杂度分析。

**1. 实验结果验证**

输入求解区间两端分别为 0 和 1.57,二分法得出方程解为 0.224307 附近,将这个值代入原始方程,符合等式要求,证明确实是方程的一个根,如图 2-15 所示。

图 2-15 实验结果验证 1

输入求解区间两端分别为 2 和 5,二分法得出方程解为 2.657150 附近,将这个值代入原始方程,符合等式要求,证明确实是方程的一个根,如图 2-16 所示。

图 2-16 实验结果验证 2

输入求解区间两端分别为 3 和 5,输出[3,5]区间上不一定有根,这是因为原始函数代入 3 和 5 得出结果同号,不符合使用二分法的条件,如图 2-17 所示。

图 2-17 实验结果验证 3

上述验证过程证明代码可实现二分法求方程解功能。

**2. 复杂度分析**

二分法求方程解的时间复杂度分析较为复杂,与具体函数和需求精度有关,这里不做说明,但是通常会收敛很快,一般运算需要时间不长。

计算过程只需要常数个存储空间,所以空间复杂度为 $O(1)$。

### ◇2.6.7 实验总结

下面对本次实验进行结论陈述。

(1) 算法原理：二分法的基本思想是逐步将非线性方程 $f(x)=0$ 的有根区间二分，通过判断函数值的符号，逐步对半缩小有根区间，直到区间缩小到容许误差范围之内，然后取区间的中点为根的近似值。

(2) 算法复杂度分析：空间复杂度为 $O(1)$。

(3) 扩展：通过改写代码，实现用二分法计算其他方程解，并且验证正确情况。

## 2.7 牛顿迭代法求方程的根

### ◇2.7.1 实验目的及要求

(1) 通过实验进一步了解方程求根的算法。

(2) 认识选择计算格式的重要性。

(3) 掌握迭代算法和精度控制。

(4) 明确迭代收敛性与初值选取的关系。

(5) 掌握代码相关编程，并能用来解决实际问题。

### ◇2.7.2 实验内容

用牛顿迭代法求 $e^x+x=0$ 在 0.5 附近的根。

方程 $F(x)$的根是指满足 $F(x)=0$ 的 $x$ 的一切取值。所谓方程的根是使方程左、右两边相等的未知数的取值。一元二次方程的根和解不同，根可以是重根，而解一定是不同的，一元二次方程如果有两个不同根，又称有两个不同解。方程的解、方程的根都是使方程左、右两边相等的未知数的取值。

### ◇2.7.3 实验原理

牛顿迭代法(Newton's method)又称为牛顿-拉夫逊方法(Newton-Raphson method)，它是牛顿在 17 世纪提出的一种在实数域和复数域上近似求解方程的方法。多数方程不存在求根公式，因此求精确根非常困难，甚至不可能，从而寻找方程的近似根就显得特别重要。

这个方法使用函数 $f(x)$的泰勒级数的前面几项来寻找方程 $f(x)=0$ 的根。牛顿迭代法是求方程根的重要方法之一，其最大的优点是在方程 $f(x)=0$ 的单根附近收敛，而且该方法还可以用来求方程的重根、复根，此时线性收敛，但是可通过一些方法变成超线性收敛。另外，该方法广泛用于计算机编程中。

设 $x_k$ 是根 $x^*$ 的某个近似值，过曲线上横坐标为 $x_k$ 的点 $P_k$ 作切线，并将该切线与 $x$ 轴的交点的横坐标 $x_{k+1}$ 作为新的近似值，如图 2-18 所示。

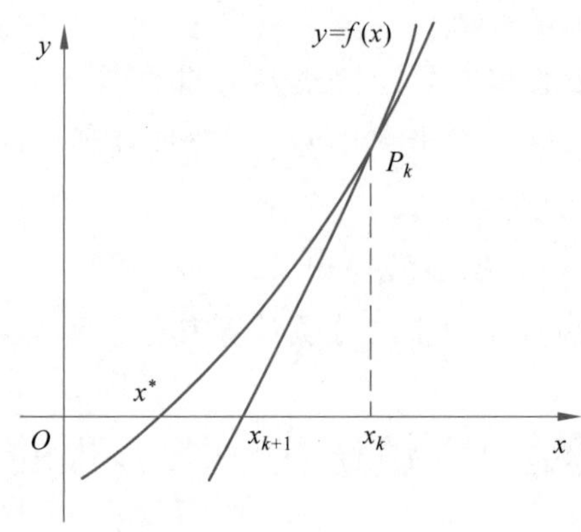


图 2-18 切线和函数图线

下列公式是牛顿迭代方程：

$$x_{k+1}=x_k-\frac{f(x_k)}{f'(x_k)},\quad k=0,1,2,\cdots$$

在得到函数近似后，就可以使用牛顿迭代法求方程根，算法伪代码如下。

```
float f(float x){
    定义 f(x)表达式;
}
float df(float x){
    定义表达式 f(x)的导数;
}
int main(void)
{
    定义变量 x,x0;
    假设从 0.5 开始迭代;
    do{
        x0=x;
        根据牛顿迭代法计算下一次结果;
    }while(判断 x-x0 是否足够小);
    输出计算结果;
    return 0;
}
```

## ◇2.7.4 实验步骤

(1) 根据给出伪代码编程实现用牛顿迭代求方程根的程序。

(2) 将题目给出方程代入代码中的函数，求出估计根。

(3) 验证方法得出结果并检验，总结实验。

### ◇2.7.5 参考代码

参考代码如下。

```
1.  #include <stdio.h>
2.  #include <math.h>
3.  float f(float x){
4.      return x * exp(x)-1;
5.  }
6.  float df(float x){
7.      return (x+1) * exp(x);
8.  }
9.  int main(void)
10.     {
11.         float x,x0;
12.         x = 0.5;
13.         do{
14.             x0=x;
15.             x=x0-f(x0)/df(x0);
16.         }while(fabs(x-x0)>=1e-5);   //函数 fabs:求浮点数 x 的绝对值
17.         printf("当 x=0.5 时,方程 x * exp(x)-1=0。附近的根为%f\n",x);
18.         return 0 ;
19.     }
```

### ◇2.7.6 实验结果

(1) 写出算法实现代码并给出程序运行结果。

(2) 给出数据记录并对算法运行结果进行分析,画出图表。

(3) 对算法进行复杂度分析。

**1. 代码相关说明**

代码中需要使用 exp($x$)和 fabs($x$)来计算自然对数乘方和绝对值,这些函数都包含在头文件<math.h>中,之前使用过的 sqrt($x$)也包含在其中,使用时需要引入头文件。math.h 一般见于 C、C++ 程序设计,# include <math.h>是包含 math 头文件的意思,.h 是头文件的扩展名,这一句声明了本程序要用到标准库中的 math.h 文件。math.h 头文件中声明了常用的一些数学运算,如乘方、开方运算等。

测试运行后,输出结果如图 2-19 所示,在 0.5 附近的根为 0.567143,代入原始方程后,等式成立。

**2. 复杂性分析**

牛顿迭代求方程解的时间复杂度分析较为复杂,与具体函数和需求精度有关,这里不做说明,但是通常收敛很快,一般运算需要时间不长。

```
当x=0.5时，方程x*exp(x)-1=0。附近的根为0.567143

C:\Users\32929\source\repos\Week06-3\Debug\Week06-3.exe (进程 36184)
已退出，代码为 0。
按任意键关闭此窗口. . .
```

图 2-19 实验结果验证

计算过程只需要常数个存储空间，所以空间复杂度为 $O(1)$。

### ◇2.7.7 实验总结

下面对本次实验进行结论陈述。

(1) 算法原理：使用函数 $f(x)$ 的泰勒级数的前面几项来寻找方程 $f(x)=0$ 的根。

(2) 算法复杂度分析：空间复杂度为 $O(1)$。

(3) 扩展：改写代码，实现用牛顿迭代法计算其他方程解，并且验证正确情况。

## 2.8 (选作)一元线性回归

### ◇2.8.1 实验目的及要求

(1) 掌握一元线性回归分析的基本思想和代码编写实现。

(2) 可以读懂分析结果。

(3) 可以输出回归方程，对回归方程进行分析检验。

### ◇2.8.2 实验内容

(1) 了解一元线性回归原理，设计算法。

(2) 将教材中一元线性回归的程序输入计算机运行。

(3) 对程序中 for 循环的作用加注释。

(4) 总结算法，研究算法复杂度，尝试自己实现。

### ◇2.8.3 实验原理

一元线性回归是分析只有一个自变量(自变量 $x$ 和因变量 $y$)线性相关关系的方法。一个经济指标的数值往往受许多因素影响，若其中只有一个因素是主要的，起决定性作用，则可用一元线性回归进行预测分析。回归这一术语最早来源于生物遗传学，由高尔顿(Francis Galton)引入。

回归的现代解释：回归分析是研究某一变量(因变量)与另一个或多个变量(解释变量、自变量)之间的依存关系，用解释变量的已知值或固定值来估计或预测因变量的总体平均值。

因变量：$Y$。

自变量：$x$ 或 $x_1, x_2, \cdots$。

一元线性回归分析预测法，是根据自变量 $x$ 和因变量 $Y$ 的相关关系，建立 $x$ 与 $Y$ 的线性回归方程进行预测的方法。由于市场现象一般是受多种因素的影响，而并不是仅受一个因素的影响，所以应用一元线性回归分析预测法，必须对影响市场现象的多种因素做全面分析。只有当诸多的影响因素中确实存在一个对因变量影响作用明显高于其他因素的变量，才能将它作为自变量，应用一元相关回归分析市场预测法进行预测。

一元线性回归分析法的预测模型为：

$$Y_t = ax_t + b$$

式中，$x_t$ 代表 $t$ 期自变量的值；$Y_t$ 代表 $t$ 期因变量的值；$a$、$b$ 代表一元线性回归方程的参数；$a$、$b$ 参数由下列公式求得：

$$b = \frac{\sum Y_i}{n} - a\frac{\sum x_i}{n}$$

$$a = \frac{n\sum x_i Y_i - \sum x_i \sum Y_i}{n\sum x_i^2 - (\sum x_i)^2}$$

建立模型：

(1) 选取一元线性回归模型的变量。

(2) 绘制计算表和拟合散点图。

(3) 计算变量间的回归系数及其相关的显著性。

(4) 回归分析结果的应用。

一元线性回归的伪代码如下。

```
int main()
{
    定义数组数据 x 和 y;
    定义数据个数 count;
    定义中间其他变量;
    for(i = 0; i < count; i++)
    {
        对 x 轴样本数据求和;
        对 y 轴样本数据求和;
    }
    对 x 轴样本数据求平均值;
    对 y 轴样本数据求平均值;
    for(i = 0; i < count; i++)
    {
        根据公式计算 Lxy;
        根据公式计算 Lxx;
    }
    //计算系数
```

```
    b = Lxy / Lxx;
    a = y_avg - b * x_avg;
    输出计算结果;
}
```

### ◇2.8.4 实验步骤

(1) 仔细阅读教材中给出的代码内容。

(2) 完成代码并进行测试。

(3) 给代码添加注释,理解代码内容。

### ◇2.8.5 参考代码

参考代码如下。

```
1. #include<stdio.h>
2. #include<math.h>
3. #define max_size 100
4. int main()
5. {
6.     float x[max_size] = { 165,165,157,170,175,165,155,170 },
7.         y[max_size] = { 48, 57, 50,54,64,61,43, 59 };
8.     int count = 8;
9.     float x_sum = 0, y_sum = 0;
10.      float x_avg, y_avg;
11.      float Lxy = 0, Lxx = 0, Lyy = 0;
12.      float a, b;
13.      int i;
14.      for (i = 0; i < count; i++)
15.      {
16.          x_sum = x[i] + x_sum;
17.          y_sum = y[i] + y_sum;
18.      }
19.      x_avg = x_sum / count;
20.      y_avg = y_sum / count;
21.      for (i = 0; i < count; i++)
22.      {
23.          Lxy = (x[i] - x_avg) * (y[i] - y_avg) + Lxy;
24.          Lxx = (x[i] - x_avg) * (x[i] - x_avg) + Lxx;
25.          Lyy = (y[i] - y_avg) * (y[i] - y_avg) + Lyy;
26.      }
27.      //计算系数
28.      b = Lxy / Lxx;
29.      a = y_avg - b * x_avg;
30.      printf("线性拟合的结果为: ");
```

```
31.     if(fabs(a) == 0)
32.         printf("y=%5.3fx\n", b);
33.     else if(a > 0)
34.         printf("y=%5.3fx+%5.3f\n", b, a);
35.     else if(a < 0)
36.         printf("y=%5.3fx%5.3f\n", b, a);
37.     float y1 = a + b * 172;
38.     printf("预测 172cm 的学生体重为:%4.2f\n", y1);
39.     return 0;
40. }
```

## ◇2.8.6　实验结果

(1) 写出算法实现代码并给出程序运行结果。

(2) 给出数据记录并对算法运行结果进行分析,画出图表。

(3) 对算法进行复杂度分析。

**1. 代码相关说明**

代码使用#define max_size 100 来申明一个常量,值固定为 100,表示最大回归样本数量。#define 和 #include 一样,也是以“#”开头的。凡是以“#”开头的均为预处理指令。#define 又称为宏定义,标识符为所定义的宏名,简称宏。#define 的功能是将标识符定义为其后的常量。一经定义,程序中就可以直接用标识符来表示这个常量。#define 与定义变量类似,但是又是有区别的,变量名表示的是一个变量,但宏名表示的是一个常量。可以给变量赋值,但不能给常量赋值。宏所表示的常量可以是数字、字符、字符串、表达式。其中最常用的是数字。

在代码中,使用一元线性回归预测 172cm 身高的学生的体重,使用的预测数据分别为身高{165,165,157,170,175,165,155,170},体重{48,57,50,54,64,61,43,59}。经过一元线性回归预测的拟合结果为 $y=0.848x-85.712$,代入身高 172cm 获得预测值为 60.23,如图 2-20 所示。代码可以实现一元线性回归并预测的功能。

```
线形拟合的结果为: y=0.848x-85.712
预测172cm的学生体重为:60.23

C:\Users\32929\source\repos\Week06-3\Debug\Week06-3.exe (进程 33704)
已退出, 代码为 0。
按任意键关闭此窗口. . .
```

图 2-20　实验结果验证

**2. 复杂度分析**

实现一元线性回归需要获得 $x$ 和 $y$ 值的平均值,假设输入数据 $n$ 条,故时间复杂度为 $O(n)$,使用 $n$ 数量级个内存空间存放数据,所以空间复杂度为 $O(n)$。

### ◇2.8.7 实验总结

下面对本次实验进行结论陈述。

(1) 算法原理：一元线性回归其实就是最小二乘法(又称最小平方法)，是一种数学优化技术。它通过最小化误差的平方和寻找数据的最佳函数匹配。利用最小二乘法可以简便地求得未知的数据，并使得这些求得的数据与实际数据之间误差的平方和为最小。

(2) 算法复杂度分析：时间复杂度为 $O(n)$，空间复杂度为 $O(n)$。

(3) 扩展：了解其他回归方法，阅读并理解相应的算法代码。

## 2.9 (选作)求 $N$! 的尾部有连续多少个零($N \geq 50$)

### ◇2.9.1 实验目的及要求

(1) 阅读并理解如何求 $N$!的尾部有连续多少个零，并写出代码。

(2) 通过这一问题熟练运用 2.1 节和 2.2 节的质数求解相关算法。

### ◇2.9.2 实验内容

(1) 使用质数相关算法求解数学问题 $N$!的尾部有连续多少个零，并完成代码。

(2) 输入测试案例，测试正确性并验证。

(3) 总结思路。

### ◇2.9.3 实验原理

$N$ 较大时，$N$!无法直接计算出来(超界了)。

如果 $N$ 的阶乘为 $K$ 和 10 的 $M$ 次方的乘积，那么 $N$!末尾就有 $M$ 个 0。如果将 $N$ 的阶乘分解后，那么 $N$ 的阶乘可以分解为：2 的 $X$ 次方，3 的 $Y$ 次方，5 的 $Z$ 次方，…的乘积。由于 $10=2\times5$，所以 $M$ 只能与 $X$ 和 $Z$ 有关，每一对 2 和 5 相乘就可以得到一个 10，于是 $M=\mathrm{MIN}(X,Z)$，不难看出，$X>Z$，因为被 2 整除的频率比被 5 整除的频率高得多，所以可以把公式简化为 $M=Z$。

由上面的分析可以看出，只要计算出 $Z$ 的值，就可以得到 $N$!末尾 0 的个数。那么 $Z$ 的值如何得到呢？

方法一：

依次计算 2,3,…,$N$ 中每个数字包含多少个因子 5，再把这些数字加起来即可。伪代码可写作：

```
Count = 0;                    //记录因子 5 总数
for( k=5; k<=N; k=k+5)   //仅考查 5 的倍数
```

```
{
    计算 k 包含的因子 5 的个数,存入 m;    //循环
    Count =count + m;
}
```

方法二:

$Z=N/5+N/(5\times5)+N/(5\times5\times5)+\cdots$,直到 $N/$(5 的 $K$ 次方)等于 0,这里的除法是整除。

下面举例说明上述公式的来源。

数字 $N=126$,那么包含因子 5 的小于或等于 126 的数字是 5,10,15,20,…,125。其中每个数字含有因子 5 的个数可能不同。例如,10,15 含有 1 个因子 5,而 25,50 含有 2 个因子 5。因此做如图 2-21 所示图形。

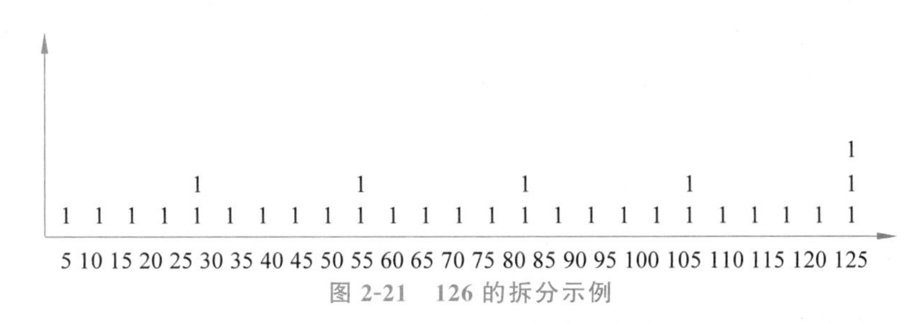


图 2-21 126 的拆分示例

图 2-21 中将每个数字含有因子 5 的个数竖向拆分成若干个 1 排列起来。因此,将图 2-21 中所有 1 加起来就是 126! 中因子 5 的总数。显然有:$N/5$ 表示图中最下面一行 1 的数目;$N/(5\times5)$ 表示图中中间一行 1 的数目;$N/(5\times5*5)$表示图中最顶层一行 1 的数目;于是 126!中因子 5 的总数等于 $N/5+N/(5\times5)+N/(5\times5\times5)$。

以此类推,有 $N$! 中 5 的总数等于 $N/5+N/(5\times5)+N/(5\times5\times5)+\cdots$,直到 $N/$(5 的 $K$ 次方)等于 0。

## ◇2.9.4 实验步骤

(1) 探索 $N$!和尾部有连续多少个零的内部规律。

(2) 针对规律和数学原理,设计算法。

(3) 编写程序实现功能。

(4) 对其中关键代码加上注释。

(5) 验证准确情况,分析算法复杂度。

(6) 总结题目算法设计和解题经验。

## ◇2.9.5 参考代码

参考代码如下。

```
1.  #include<stdio.h>
2.  #include<math.h>
3.  int find(int n) {
4.      int count = 0;
5.      while (n > 0) {
6.          count += n / 5;
7.          n = n / 5;
8.      }
9.      return count;
10. }
11. int main()
12. {
13.     int m;
14.     printf("请输入一个数: ");
15.     scanf("%d", &m);
16.     printf("%d!尾部有连续%d个零。\n", m, find(m));
17.     return 0;
18. }
```

## ◇2.9.6 实验结果

(1) 写出算法实现代码并给出程序运行结果。

(2) 给出数据记录并对算法运行结果进行分析,画出图表。

(3) 对算法进行复杂度分析。

**1. 代码相关分析**

参考代码中使用了+=赋值运算符,是一种简写方式,还有许多其他类似运算符,如表 2-3 所示。

表 2-3 赋值运算符

| 运算符 | 描 述 | 实 例 |
|---|---|---|
| += | 加且赋值运算符,右边操作数加上左边操作数的结果赋值给左边操作数 | C += A 相当于 C=C+A |
| -= | 减且赋值运算符,左边操作数减去右边操作数的结果赋值给左边操作数 | C -= A 相当于 C=C-A |
| *= | 乘且赋值运算符,把右边操作数乘以左边操作数的结果赋值给左边操作数 | C *= A 相当于 C=C*A |
| /= | 除且赋值运算符,把左边操作数除以右边操作数的结果赋值给左边操作数 | C /= A 相当于 C=C/A |
| %= | 求模且赋值运算符,求两个操作数的模赋值给左边操作数 | C %= A 相当于 C=C%A |
| <<= | 左移且赋值运算符 | C <<= 2 等同于 C=C<<2 |

续表

| 运算符 | 描　述 | 实　例 |
|---|---|---|
| >>= | 右移且赋值运算符 | C >>= 2 等同于 C=C>>2 |
| &= | 按位与且赋值运算符 | C &= 2 等同于 C=C&2 |
| ^= | 按位异或且赋值运算符 | C ^= 2 等同于 C=C^2 |
| \|= | 按位或且赋值运算符 | C \|= 2 等同于 C=C\|2 |

输入 34，求 34！尾部有多少个零，输出答案为有 7 个零，这与 34！分解后 5 的 $z$ 次方中 $z$ 的数量相等，如图 2-22 所示。

输入 77，求 77！尾部有多少个零，输出答案为有 18 个零，这与 77！分解后 5 的 $z$ 次方中 $z$ 的数量相等，如图 2-23 所示。

图 2-22　实验结果验证 1

图 2-23　实验结果验证 2

验证结果演示，算法所得结果符合要求，程序可以实现算法目标。

**2. 复杂度分析**

为了计算零计数，循环从 5 到 $n$ 的每 5 个数字处理一次，这里是 $O(n)$ 步（将 1/5 作为常量处理）。

在每个步骤中，虽然看起来像是执行 $O(\log n)$ 操作来计算 5 的因子数，但实际上它只消耗 $O(1)$，因为绝大部分的数字只包含一个因子 5。可以证明，因子 5 的总数小于 $2n/5$，所以得到 $O(n)\times O(1)=O(n)$。

空间复杂度为 $O(1)$，只是用了一个整数变量。

### ◇2.9.7　实验总结

下面对本次实验进行结论陈述。

（1）算法原理：如果 $N$ 的阶乘为 $K$ 和 10 的 $M$ 次方的乘积，那么 $N$!末尾就有 $M$ 个 0。如果将 $N$ 的阶乘分解后，那么 $N$ 的阶乘可以分解为：2 的 $X$ 次方，3 的 $Y$ 次方，5 的 $Z$ 次方，…的乘积。由于 $10=2\times5$，所以 $M$ 只能与 $X$ 和 $Z$ 有关，每一对 2 和 5 相乘就可以得到一个 10，于是 $M=\mathrm{MIN}(X,Z)$，不难看出 $X>Z$，因为被 2 整除的频率比被 5 整除的频率高得多，所以可以把公式简化为 $M=Z$。

（2）需要注意的地方：求阶乘分解后 5 的 $Z$ 次方中 $Z$ 的数值，这和求 5 倍数的数字的数量不能等价。

（3）算法复杂度分析：算法的时间复杂度为 $O(n)$，空间复杂度为 $O(1)$。

# 第3章

# 线性数据结构

## 3.1 顺序表基本操作

### ◇3.1.1 实验目的及要求

(1) 熟悉线性表的定义和基本操作。

(2) 掌握线性表的顺序存储结构设计与基本操作实现。

(3) 学会使用顺序表解决实际问题。

### ◇3.1.2 实验内容

基于顺序表,编写一个学生信息管理程序,实现以下功能。

(1) 每个学生的信息包含学号、姓名。

(2) 插入一条学生信息时,可以按学号从小到大顺序插入。

(3) 可以根据学号删除学生信息。

(4) 可以输出所有学生信息。

### ◇3.1.3 实验原理

#### 1. 顺序表的定义

线性表是由有限个同类型的数据元素组成的有序序列,一般记作($a_1$,$a_2$,…,$a_n$)。除了 $a_1$ 和 $a_n$ 之外,任意元素 $a_i$ 都有一个直接前驱 $a_{i-1}$ 和一个直接后继 $a_{i+1}$。$a_1$ 无前驱,$a_n$ 无后继。

采用顺序存储结构的线性表称为顺序表,它的数据元素按照逻辑顺序依次存放在一组连续的存储单元中。如图 3-1 所示用数组实现顺序表。

注意:顺序表中的元素一定是连续存放的,中间没有空隙。

#### 2. 顺序表的基本操作

判断顺序表是否为空只需判断 length 是否为零即可。顺序表的主要算法是在顺序

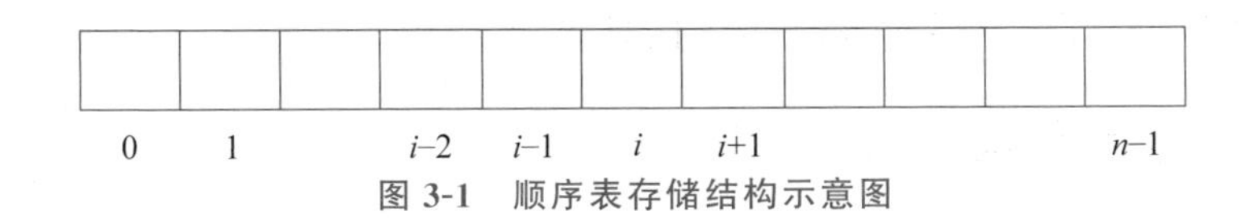

图 3-1 顺序表存储结构示意图

表中插入元素、删除元素等。

1) 在表中第 $i$ 个位置插入新元素 $x$ 算法实现的主要步骤如下。

(1) 判断插入位置的合理性以及表是否已满。

(2) 从最后一个元素开始依次向前,将每个元素向后移动一个位置,直到第 $i$ 个元素为止。

(3) 向空出的第 $i$ 个位置存入新元素 $x$。

(4) 最后还要将线性表长度加 1。

2) 在表中删除第 $i$ 个元素

算法实现的主要步骤如下。

(1) 判断删除位置的合理性。

(2) 从第 $i+1$ 个元素开始,依次向后直到最后一个元素为止,将每个元素向前移动一个位置。这时第 $i$ 个元素已经被覆盖删除。

(3) 最后还要将线性表长度减 1。

**3. 有序表的插入算法**

如果线性表中的数据有序排列,则称为有序表。有序表中元素插入之前,需要先跟有序表中的元素逐个进行对比,以找到合适的插入位置。以下面的例子说明从小到大顺序插入数据的过程。

```
假设插入数据 5、7、2、3、9
第一步,顺序表空,插入 5                                          //[5]
第二步,因为 7>5,向下一个位置移动,因为到达尾部,所以插入 7        //[5 7]
第三步,因为 2<5,在当前位置插入 2                                //[2 5 7]
第四步,因为 3>2,后移;因为 3<5,在当前位置插入 3                  //[2 3 5 7]
第五步,因为 9>2,后移;9>3,后移;9>5,后移;9>7,后移;
因为到达尾部,所以插入 9                                          //[2 3 5 7 9]
```

## ◇3.1.4 实验步骤

(1) 定义顺序表中数据元素:学生信息结构体 stu。

(2) 定义顺序表 SeqList。

(3) 实现顺序表基本操作函数,包括插入元素(Insert)、删除元素(Delete)、显示元素(Display)。

(4) 主函数对相应函数进行调用,实现根据用户输入,有序插入多名学生信息,删除其中若干名学生信息,并显示最终学生信息名单。

### ◇3.1.5 参考代码

参考代码如下。

```
1. #include<stdio.h>
2.
3. const int maxsize = 100;                          //顺序表最大允许长度
4. //定义数据元素
5. struct stu {
6.     int id;                                       //学号
7.     char name[20];                                //姓名
8. };
9. //定义顺序表
10. struct SeqList {
11.     stu data[maxsize];                           //顺序表存储数组的地址
12.     int length;                                  //顺序表当前长度
13. };
14. //插入元素
15. void Insert(SeqList * L, stu x)
16. {
17.     int j = L->length - 1;                       //j 为表尾下标
18.     if(L->length > 0 && L->length < maxsize)
19.     {
20.         while (L->data[j].id > x.id && j >= 0)
21.         {
22.             L->data[j + 1] = L->data[j];         //元素依次向后移动
23.             j--;
24.         }
25.     }
26.     L->data[j + 1] = x;                          //存入新元素 x
27.     L->length++;                                 //表长度加 1
28. }
29. //删除元素
30. void Delete(SeqList * L, int ID)
31. {
32.     int j = 0;                                   //j 为元素下标
33.     while (L->data[j].id != ID && j < L->length)
34.         j++;
35.     if(j >= L->length)
36.         printf("无此元素!");
37.     else {
38.         for (int i = j; i < L->length - 1; i++)
39.         {
40.             L->data[i] = L->data[i + 1];
41.         }
42.         L->length--;
43.     }
44. }
```

```
45. void Display(SeqList * L)
46. {
47.     printf("学号\t 姓名\n");
48.     for (int i = 0; i < L->length; i++)
49.         printf("%d\t%s\n",L->data[i].id,L->data[i].name);
50. }
51. int main()
52. {
53.     SeqList L;
54.     L.length = 0;
55.     stu s;
56.     printf("请输入三个学生的学号、姓名: \n");
57.     for (int i = 0; i < 3; i++)
58.     {
59.         scanf("%d %s",&s.id,&s.name);
60.         Insert(&L, s);
61.     }
62.     printf("\n");
63.     Display(&L); //显示名单
64.     int ID;
65.     printf("请输入将要删除的学生的学号: \n");
66.     scanf("%d",&ID);
67.     Delete(&L, ID);
68.     printf("\n");
69.     Display(&L); //显示名单
70.     return 0;
71. }
```

## ◇3.1.6 实验结果

(1) 程序运行结果如图 3-2 所示。

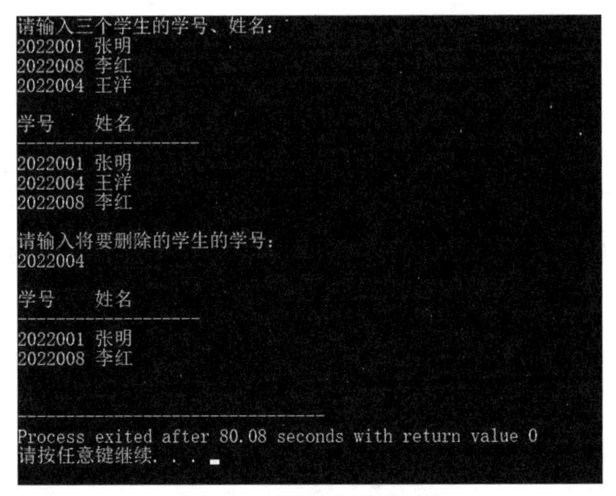


图 3-2 程序运行结果

(2) 算法复杂度分析。

对于存取操作,顺序表可随机存取,按位置访问元素的时间复杂度为 $O(1)$;而在插入和删除操作中，平均约移动表中一半的元素，故时间复杂度为 $O(n)$。

### ◇3.1.7 实验总结

实验中使用顺序表实现学生信息管理程序，在存取操作时时间复杂度为 $O(1)$，插入和删除操作中，时间复杂度为 $O(n)$，因此线性表比较适合元素个数比较稳定、不轻易插入和删除元素、更多的操作是存取数据的应用。

## 3.2 单链表基本操作

### ◇3.2.1 实验目的及要求

(1) 掌握线性表的链式存储结构设计与基本操作实现。

(2) 理解顺序表和链表的不同和特点。

(3) 学会使用链表解决实际问题。

### ◇3.2.2 实验内容

基于单链表，编写一个通讯录管理程序，实现以下功能。

(1) 每个联系人的信息包含姓名、电话。

(2) 可以插入新的联系人信息。

(3) 可以根据姓名删除联系人信息。

(4) 可以显示通讯录中联系人信息。

### ◇3.2.3 实验原理

#### 1. 单链表的定义

单链表用一组地址任意的存储单元存放线性表中的数据元素。由于逻辑上相邻的元素其物理位置不一定相邻，为了建立元素间的逻辑关系，需要在线性表的每个元素中附加其后继元素的地址信息。这种地址信息称为指针。附加了其他元素指针的数据元素称为结点(如图 3-3 所示)，每个结点都包含数据域和指针域两部分。结点的形式定义如下：

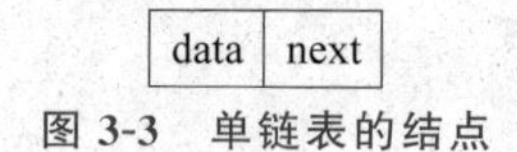

图 3-3 单链表的结点

```
typedef struct NODE
{
    datatype data;              //数据域
```

```
    Node * next;                    //指针域
}Node;
```

这个定义是自引用类型的。换言之，每个结点都包含另一个同类型结点的地址。单链表就是由这样定义的结点依次连接而成的单向链式结构，如图 3-4 所示。图 3-4 中结点内指向后一结点的箭头代表当前结点指针域存储的正是箭头所指结点的地址。由于最后一个元素无后继，因而其指针域为空(NULL)。另外，为了能顺次访问每个结点，需要保存单链表第一个结点的存储地址。这个地址称为线性表的头指针，我们用 head 表示。为了操作上的方便，可以在单链表的头部增加一个特殊的头结点。头结点的类型与其他结点一样，只是头结点的数据域为空。增加头结点避免了在删除或添加第一个位置的元素时进行的特殊程序处理。图 3-4 为带头结点的单链表。

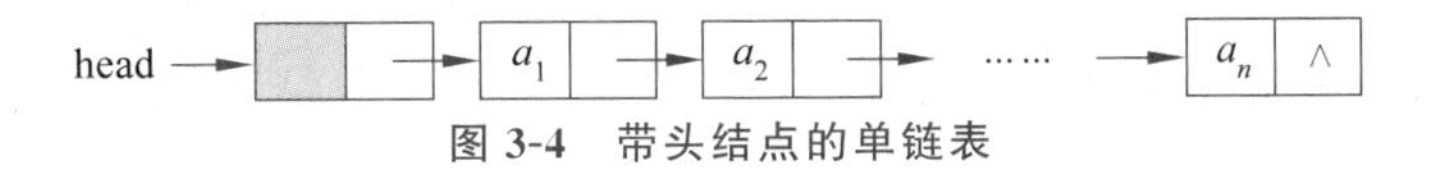


图 3-4 带头结点的单链表

单链表在存储区的物理状态如图 3-5 所示。head 中存放头结点地址，根据后续结点的指针可以顺次访问所有结点的数据。

| 存储地址 | 数据域 | 数据域 |
|---|---|---|
| 22 | $a_2$ | 86 |
| | … | … |
| 38 | | 94 |
| | … | … |
| 86 | $a_3$ | NULL |
| 94 | $a_1$ | 22 |

head: 38

图 3-5 单链表存储结构示意图

**2. 单链表的基本操作**

单链表的主要算法包括插入结点、删除结点、查询结点等。

1) 在表中第 $i$ 个位置插入新结点 $x$

算法实现的主要步骤如下。

(1) 首先找到第 $i-1$ 个结点的指针 $p$。

(2) 建立新结点 $s$ 并通过语句 $s$->next=$p$->next 将其指针指向第 $i$ 个结点。

(3) 通过语句 $p$->next=s 将第 $i-1$ 个结点的指针指向新结点。

图 3-6 给出了插入新结点前后链表指针的变化。

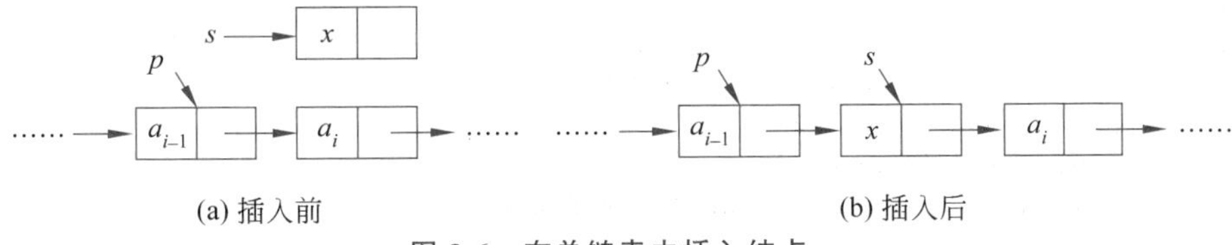


图 3-6 在单链表中插入结点 $x$

2) 从表中删除第 $i$ 个结点

算法实现的主要步骤如下。

(1) 如果第 $i$ 个结点存在则找到第 $i$ 个和第 $i-1$ 个结点的指针 $p$ 和 $q$。

(2) 通过语句 $q$->next=$p$->next 将第 $i-1$ 个结点的指针赋值为第 $i$ 个结点的指针，从而将第 $i$ 个结点从链表中断开。

(3) 释放第 $i$ 个结点所占空间以便于重用。

图 3-7 显示了删除结点前后链表中指针的变化。

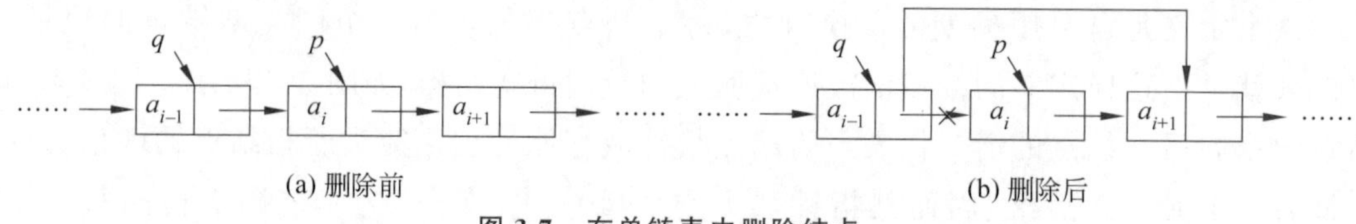


图 3-7 在单链表中删除结点 $a_i$

## ◇3.2.4 实验步骤

(1) 定义联系人结构体。

(2) 实现单链表的基本操作函数,包括插入函数 Insert 和删除函数 Delete。

(3) 主函数对相应函数进行测试,实现一个简单的通讯录功能,包括有录入、删除、显示功能。

## ◇3.2.5 参考代码

参考代码如下。

```
1. #include<stdio.h>
2. #include<string.h>
3.
4. //定义联系人信息结构体
5. struct LNode{
6. char name[15];              //姓名
7. char tel[10];               //电话
8. struct LNode * next;        //指针域
9. };
10.
11. //插入结点
12. void Insert(LNode* head, char* Name,char* Tel)
13. {
14.     LNode * p=head;         //p 指向头结点
15.     LNode * s=new LNode; //建立新结点 s
16.     strcpy(s->name, Name);
17.     strcpy(s->tel,Tel);
18.     s->next=p->next;       //修改结点 s 的指针
19.     p->next=s;             //修改结点 p(头结点)的指针
20. }
21. //删除结点
22. void Delete(LNode* head, char* Name)
23. {
24.     LNode *p, *q;
25.     q=head;
26.     p=head->next;          //p 指向头结点之后的首个结点
27.     while( p!=NULL && strcmp(p->name,Name)!=0 )
28.     {
```

```
29.         q=p;                          //q 最终将指向被删除结点的前驱结点
30.         p=p->next;                    //p 最终将指向被删除结点
31.     }
32.     if(p==NULL)
33.         printf("没有这条记录,无法删除!");
34.     else
35.         {
36.             q->next=p->next;          //从链表中删除该结点
37.             delete p;                 //释放结点 p
38.         }
39. }
40. //主函数
41. int main()
42. {
43.     LNode * head, * p;                //定义头指针、临时指针
44.     head = new LNode;                 //定义头结点
45.     head->next = NULL;                //头结点指针域为空
46.     int select=1;                     //操作选择: 0-结束,1-录入,2-删除,3-显示
47.     char Name[15];                    //姓名
48.     char Tel[10];                     //电话
49.     while(select!=0)
50.     {
51.         printf("请输入操作选择: 1-录入 2-删除 3-显示 0-结束\n");
52.         scanf("%d",&select);
53.         switch(select)
54.         {
55.             case 1:
56.                 printf("输入联系人的姓名、电话: ");
57.                 scanf("%s %s",&Name,&Tel);
58.                 Insert(head, Name, Tel);
59.                 break;
60.             case 2:
61.                 printf("请输入待删除联系人的姓名: ");
62.                 scanf("%s",&Name);
63.                 Delete(head, Name);
64.                 break;
65.             case 3:
66.                 p=head->next;     //p 指向头结点之后的首个结点
67.                 printf("联系人\t 电话\n");
68.                 printf("====================\n");
69.                 while(p!=NULL)
70.                 {
71.                     printf("%s\t%s\n",p->name,p->tel);
72.                     p=p->next;
73.                 }
74.                 break;
```

```
75.            case 0:
76.                printf("使用结束,再见!");
77.                break;
78.        }
79.    }
80.    return 0;
81. }
```

### ◇3.2.6　实验结果

(1) 程序运行结果如图 3-8 所示。

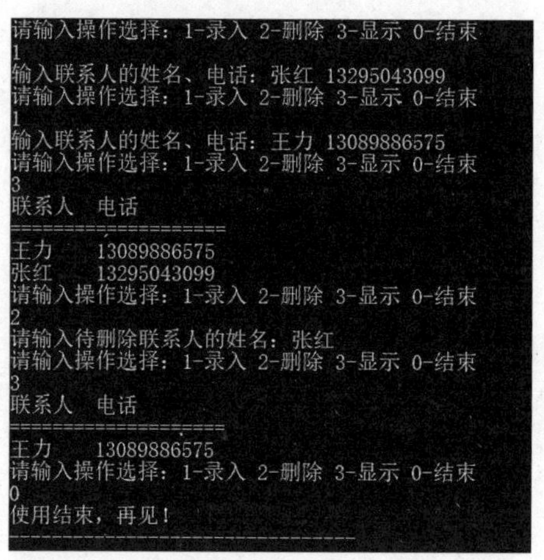


图 3-8　程序运行结果

(2) 算法复杂度分析。

链表为顺序存取，按位置访问元素的时间复杂度为 $O(n)$；而在插入和删除操作中，链表不需要移动元素，只需要修改指针，故时间复杂度为 $O(1)$。

### ◇3.2.7　实验总结

实验中使用单链表实现通讯录管理程序，存取操作时间复杂度为 $O(n)$，插入和删除操作时间复杂度为 $O(1)$。因此对于长度变化较大、需要频繁进行插入或删除操作的场景适合使用链表结构实现。

## 3.3　栈的存储与应用

### ◇3.3.1　实验目的及要求

(1) 熟悉栈的定义和特点。

(2) 掌握栈的顺序存储结构设计。

（3）掌握出栈、入栈等基本操作实现。

## ◇3.3.2 实验内容

堆栈也有顺序存储方式和链式存储方式，这里只讨论顺序栈。

基于顺序栈，编写程序，实现数值的进制转换功能。

（1）输入待转换的十进制数值。

（2）输入要转换的进制。

（3）输出入栈情况及转换结果。

## ◇3.3.3 实验原理

### 1. 栈的定义

栈是限制在表的一端进行插入和删除操作的线性表。允许进行插入和删除操作的一端称为栈顶，另一端称为栈底。入栈示意图如图 3-9 所示。

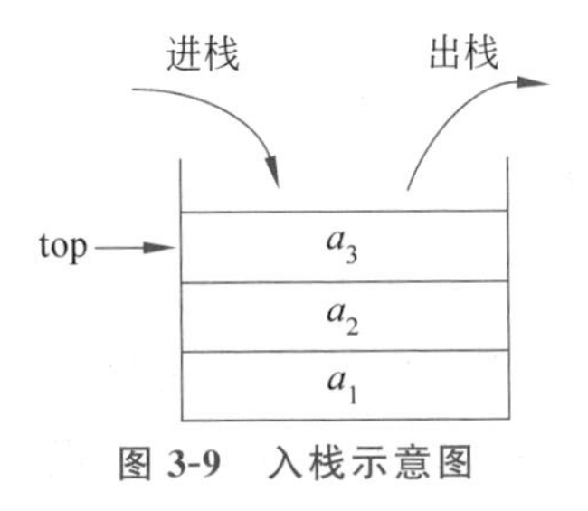


图 3-9 入栈示意图

顺序栈利用一组连续存储的存储单元存放栈中的数据元素，可以用一维数组结构实现。例如，下面的结构创建了顺序栈。

```
typedef struct Sqstack{
    ElemType * data;              //存储元素的变量
    int top;                      //栈顶指针，存储栈顶元素的下标
    int stacksize;                //堆栈最大可分配空间数量，以元素为单位
}SqStack;
```

变量 data 并没有像顺序表中数组的定义那样，给定一个固定长度，而仅给了一个指针。这样就可以根据空间的需要，在使用顺序栈之前进行数组的初始化。

一般将数组的 0 下标作为栈底，将栈顶元素的下标存储在栈顶指针 top 中，它随着元素进栈出栈而变化。top 为－1 表示空栈，top 等于 stacksize－1 则表示栈满。如果要将栈置为空栈，只要将 top 设为－1 即可。

### 2. 栈的基本操作

堆栈的主要操作有：创建空栈、进栈、出栈、读栈顶元素等。

1）进栈

即在栈顶插入元素。算法实现的主要步骤如下。

（1）如果栈不满，则栈顶指针 top 加 1。

（2）在栈顶处插入元素作为新的栈顶。

（3）如果栈满，则返回进栈失败。

2）出栈

即在栈顶删除元素。算法实现的主要步骤如下。

（1）如果栈不空，则返回栈顶元素。

（2）栈顶指针 top 减 1。

（3）如果栈为空，则返回出栈失败。

**3. 进制转换的算法**

日常生活中常用十进制，计算机中常用二进制、八进制、十六进制等，因此涉及进制的转换。对于十进制数值转换为非十进制 $N$ 的一种方法为：十进制数除以 $N$，取余数，然后再对商除以 $N$，取余数……如此循环往复，直到商为零，将以上步骤得到的余数逆序输出，就得到了该数值在 $N$ 进制下的表示。例如：十进制 9 转换为二进制的步骤如下。

$9 \div 2 = 4 \cdots\cdots 1$

$4 \div 2 = 2 \cdots\cdots 0$

$2 \div 2 = 1 \cdots\cdots 0$

$1 \div 2 = 0 \cdots\cdots 1$

↑ 逆序输出

因为余数要求逆序输出，即先得到的余数后输出，符合栈先进后出的特性，因此可以用栈结构实现进制转换算法。

### ◇3.3.4 实验步骤

（1）定义顺序栈 SqStack 并进行初始化。

（2）实现栈的基本操作函数，包括进栈（push）、出栈（pop）、遍历栈元素（StackTravel）。

（3）实现进制转换函数 conversion()，余数依次进栈。

（4）主函数中用户输入进制转换参数，并调用相关函数。

### ◇3.3.5 参考代码

参考代码如下。

```
1. #include<stdio.h>
2. #include<malloc.h>
3. #include<stdlib.h>
4. #define MAX_STACK_SIZE 10              //静态栈向量大小
5. #define ERROR  0
6. #define OK     1
7. typedef int DataType;
8. typedef int Status;
9. //定义栈
```

```
10. typedef struct sqstack{
11.     DataType stack_array[MAX_STACK_SIZE];
12.     int top;
13.     int bottom;
14. }SqStack;
15.
16. //初始化栈
17. void InitStack(SqStack * S){
18.     S->bottom=S->top=0;
19.     printf("\n 初始化栈成功! \n");
20. }
21. //push(元素进栈)
22.    Status push(SqStack * S , DataType data){
23.        if(S->top >= MAX_STACK_SIZE - 1){
24.            printf("栈满! \n");
25.            return ERROR;                                   //栈满
26.        }
27.        printf("--------");
28.        printf("当前入栈元素: %d\n",data);
29.        S->top++;                                           //位置自加
30.        printf("入栈后 S->top==%d\n",S->top);
31.        S->stack_array[S->top] = data;                      //元素入栈
32.        return OK;
33.    }
34.
35.    //pop 弹栈(元素出栈)
36.    Status pop(SqStack * S , DataType * data){
37.        if(S->top == 0){
38.            return ERROR;                                   //栈空
39.        }
40.        * data = S->stack_array[S->top];                    //先取
41.        S->top--;                                           //自减
42.        return OK;
43.    }
44. //遍历栈(自顶向底)
45. Status StackTravel(SqStack * S){
46.     int e;
47.     int ptr;
48.     ptr = S->top;
49.     while(ptr > S->bottom){
50.         e = S->stack_array[ptr];
51.         ptr--;
52.         printf("%d",e);
53.     }
```

```
54.         return OK;
55. }
56. //进制转换(输入十进制数 n, 转换的进制 d)
57. void conversion(int n , int d){
58.     SqStack S;                          //创建栈
59.     DataType k;                         //欲进栈的元素
60.     int temp = n;                       //保存 n
61.     InitStack(&S);                      //初始化栈
62.     while(n>0){
63.         k = n %d;                       //取余
64.         push(&S,k);                     //余数进栈
65.         n = n / d;                      //结果取整
66.     }
67.     printf("将%d转化成%d进制后为:",temp,d);
68.     StackTravel(&S);                    //遍历栈
69. }
70. int main(){
71.     int n,d;
72.     printf("请输入要转换的十进制数: ");
73.     scanf("%d",&n);
74.     printf("请输入转换的进制: ");
75.     scanf("%d",&d);
76.     conversion(n, d);
77. }
```

## ◇3.3.6 实验结果

(1) 程序运行结果如图 3-10 所示。

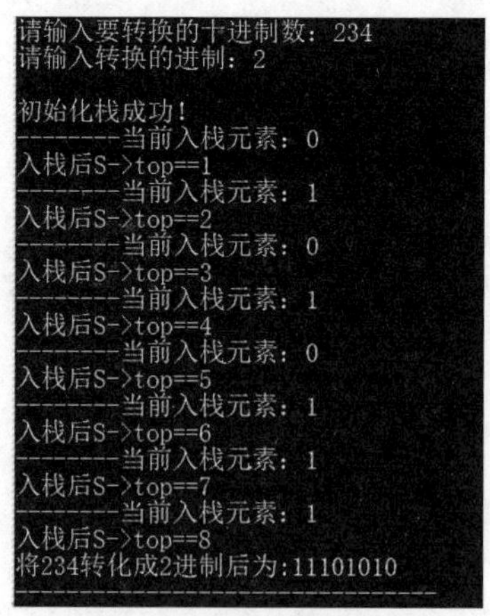


图 3-10 程序运行结果

示例中为十进制转二进制,待转换的数为 234,按照进制转换方法,对 234 除以 2,商为 117,余数为 0,则 0 进栈;再对 117 除以 2,以此类推,最终,从栈顶到栈底的元素依

次为 11101010,即转换得到的二进制数。

(2) 算法复杂度分析。

栈是一类特殊的线性表,因此其复杂度与具体的实现方法有关,分别与顺序表和链表的算法复杂度对应。本实验中为顺序栈,即栈的顺序存储结构,所以复杂度与顺序表相同。

### ◇3.3.7 实验总结

栈结构的特点是先进后出,在进制转换方法中,余数要求逆序输出,即先得到的余数后输出,符合栈结构的特性,因此实验中使用了栈结构实现进制转换算法,同时复习了进栈、出栈等基本操作。

## 3.4 队列的存储与应用

### ◇3.4.1 实验目的及要求

(1) 熟悉队列的定义和特点。

(2) 掌握队列的顺序存储结构设计。

(3) 掌握入队、出队等基本操作实现。

(4) 综合运用多种线性结构解决实际问题。

### ◇3.4.2 实验内容

利用栈和队列,编写程序,实现一个停车场调度程序。停车场的结构如下。

有一狭长停车场可停放 $n$ 辆车,只有一个门可供进出。车辆按照到达的早晚从最里面依次向外排列,若停车场中的车辆 $a$ 要出来,则在它之后进入停车场的车都要让路,进入暂停区域,等要出场的车辆离开后,这些车辆再依次进场。

例如,停车场由内到外停放了 1,2,3,4 共 4 辆车,如图 3-11 所示,若车辆 2 要出场,则车辆 4、车辆 3 需要依次进入暂停区域,车辆 2 离开后,车辆 4 和车辆 3 通过暂停区域(环形车道)再次进入停车场,此时停车场由内到外停放情况为:车辆 1,车辆 4,车辆 3。

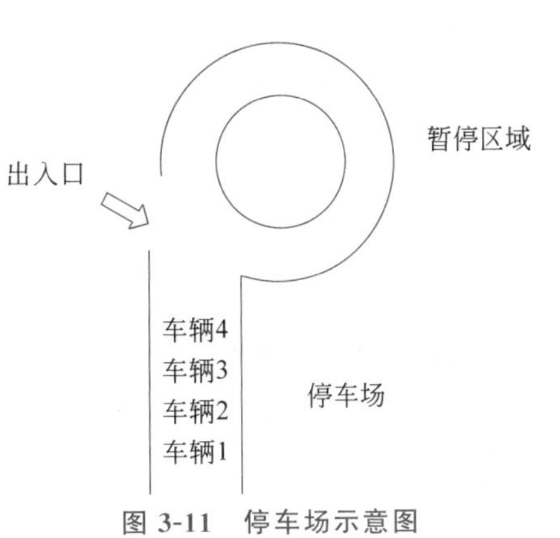

图 3-11 停车场示意图

基于上述背景,编写车辆调度程序,实现以下功能。

(1) 由用户指定停车场的大小 $n$ 及第 $a$ 辆车出停车场。

(2) 输出以下两个时刻车辆的调度情况。

① 依次输出需要驶入暂停区域的车辆。

② 第 $a$ 辆车开出后，暂停区域的车辆重新回到停车场，此时停车场中的车辆。

## ◇3.4.3 实验原理

### 1. 队列的定义

队列是只能在表的一端进行插入、在另一端进行删除操作的线性表。允许删除元素的一端称为队头，允许插入元素的一端称为队尾。

顺序存储的队列也可用一维数组来实现，front 和 rear 指针分别是队头和队尾元素的下标值，如图 3-12 所示。顺序结构中，采用数学方法将 rear 或 front 指针从数组空间的最大下标位置移到最小下标位置，形成循环队列，如图 3-13 所示。front 所在位置留空，方便编程。

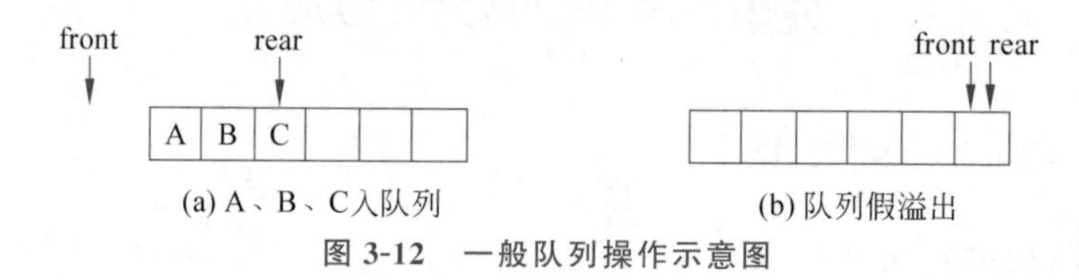


图 3-12 一般队列操作示意图

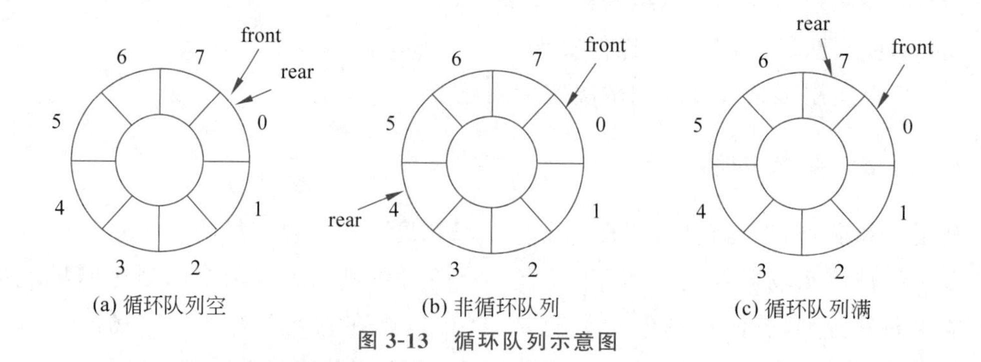


图 3-13 循环队列示意图

循环队列可采用结构体类型描述如下。

```
const int MAX=100;            //队列最大容量
struct SqQueue{
    int data[MAX];            //存放元素的数组(这里是 int 型元素)
    int front;                //队头指针
    int rear;                 //队尾指针
};
```

### 2. 队列的基本操作

队列的主要操作有：创建队列、入队、出队等。

1）入队

即在队尾插入元素。算法实现的主要步骤如下。

(1) 如果队列不满,则令 rear=(rear+1)%$M$。

(2) 将新元素在 rear 位置插入。

(3) 如果队列已满,则返回入队失败。

2) 出队

即在队头删除元素。算法实现的主要步骤如下。

(1) 如果队列不空,则令 front=(front+1)%$M$。

(2) 将下标为 front 的元素取出。

(3) 如果队列为空,则返回出队失败。

**3. 问题分析**

对于停车场,符合先进后出的特点,因此可以用栈结构模拟。车辆进入停车场即入栈,车辆离开停车场即出栈。

对于暂停区域,车辆进入暂停区域后绕一周再重新进入停车场,符合先进先出的特点,因此可以用队列结构模拟。车辆进入暂停区域即入队,车辆离开暂停区域即出队。

### ◇3.4.4 实验步骤

(1) 定义顺序栈 SqStack 和循环队列 SqQueue。

(2) 实现栈和队列的基本操作函数,包括进栈(Push)、出栈(Pop)、入队(EnQueue)、出队(DeQueue)。

(3) 主函数中用户输入车辆调度所需参数,调用相关函数实现调度,主要步骤如下。

① 车辆进入停车场(入栈操作)。

② 需要移动的车辆进入暂停区域(出栈和入队操作)。

③ 暂停区域的车辆重新进入停车场(出队和入栈操作)。

### ◇3.4.5 参考代码

参考代码如下。

```
1.  #include<stdio.h>
2.  #include<malloc.h>
3.  #include<stdlib.h>
4.  #define MAXQSIZE 100
5.  #define STACKINCREMENT 10
6.  #define MAX_STACK_SIZE 10          //静态栈向量大小
7.  #define ERROR  0
8.  #define OK     1
9.  typedef int DataType;
10. typedef int Status;
11.
```

```
12. //定义栈
13. typedef struct sqstack{
14.     DataType stack_array[MAX_STACK_SIZE];
15.     int top;
16.     int bottom;
17. }SqStack;
18.
19. //初始化栈
20. void InitStack(SqStack * S){
21.     S->bottom=S->top=0;
22. }
23. //Push(元素进栈)
24.     Status Push(SqStack * S , DataType data){
25.         if(S->top >= MAX_STACK_SIZE - 1){
26.             printf("栈满!\n");
27.             return ERROR;                          //栈满
28.         }
29.         S->top++;                                  //位置自加
30.         S->stack_array[S->top] = data;             //元素入栈
31.         return OK;
32.   }
33.
34.     //Pop 弹栈(元素出栈)
35.     Status Pop(SqStack * S, DataType * data){
36.         if(S->top == 0){
37.             return ERROR;                          //栈空
38.         }
39.          * data = S->stack_array[S->top];          //先取
40.         S->top--;                                  //自减
41.         return OK;
42.     }
43. //遍历栈(自底向顶)
44. Status StackTravel(SqStack * S){
45.     int e;
46.     int ptr;
47.     ptr = S->bottom+1;
48.     while(ptr <= S->top){
49.         e = S->stack_array[ptr];
50.         ptr++;
51.         printf("%d  ",e);
52.     }
53.     printf("\n");
54.     return OK;
55. }
56.
```

```
57. //顺序表示的循环队列
58. typedef struct
59. {
60.     int * base;
61.     int front;
62.     int rear;
63. }SqQueue;
64.
65. //队的初始化
66. int InitQueue(SqQueue * Q)
67. {
68.     Q->base=(int * ) malloc(MAXQSIZE * sizeof(int));
69.     if(!Q->base)
70.         exit(0);
71.     Q->front=Q->rear=0;
72.     return 1;
73. }
74. //入队
75. int EnQueue(SqQueue * Q,int e)
76. {
77.     if((Q->rear+1)%MAXQSIZE==Q->front)
78.         exit(0);
79.     Q->base[Q->rear]=e;
80.     Q->rear=(Q->rear+1)%MAXQSIZE;
81.     return 1;
82. }
83. //出队
84.  int DeQueue(SqQueue * Q)
85.  {
86.      int e;
87.      if(Q->front==Q->rear)
88.          exit(0);
89.      e=Q->base[Q->front];
90.      Q->front=(Q->front+1)%MAXQSIZE;
91.       return e;
92.  }
93. //主函数部分
94. int main()
95.  {
96.      SqQueue tempArea;
97.      SqStack parking;
98.      InitStack(&parking);
99.      InitQueue(&tempArea);
100.  int n;
```

```
101.     printf("请输入总车辆数 n:");
102.     scanf("%d",&n);
103.     //车辆进入停车场
104.     for(int i=1;i<=n;i++)
105.         Push(&parking,i);
106.     StackTravel(&parking);
107.     //用户指定要驶离的车辆
108.     int targetCar;
109.     printf("请输入想让第几辆车出停车场:");
110.     scanf("%d",&targetCar);
111.     printf("*************************调度情况***************************\n");
112.     int car;
113.     Pop(&parking,&car);
114.     if(car==targetCar)
115.         printf("该辆车可直接开出\n");
116.     else{
117.         Push(&parking,car);
118.         printf("以下车辆依次从停车场驶入暂停区域\n");
119.         int k=0;
120.         while(car!=targetCar)
121.         {
122.             Pop(&parking,&car);
123.             if(car==targetCar)
124.                 break;
125.             EnQueue(&tempArea,car);
126.                 printf("%d    ",car);
127.                 k++;
128.         }
129.             //暂停区域的车辆再驶入停车场
130.             for(int j=0;j<k;j++)
131.             {
132.                 car=DeQueue(&tempArea);
133.                 Push(&parking,car);
134.             }
135.     }
136.             printf("\n停车场里的情况(由里到外)为:\n");
137.             StackTravel(&parking);
138.             printf("\n");
139.         printf("\n*************************调度完毕***************************\n");
140. }
```

## ◇3.4.6 实验结果

程序运行结果如图 3-14 所示。

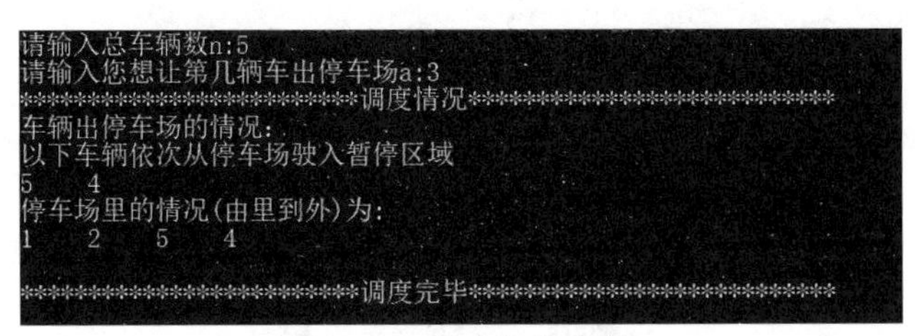

图 3-14 程序运行结果

示例中,停车场由内到外停放了1,2,3,4,5共5辆车,当用户指定车辆3要出场时,程序执行以下步骤。

(1) 车辆5,车辆4依次进入暂停区域,对应的操作为5出栈后入队,4出栈后入队。

(2) 车辆3离开停车场,对应的操作为3出栈。

(3) 车辆5和车辆4从暂停区域再次进入停车场,对应的操作为5出队后入栈,4出队后入栈。

(4) 最终停车场由内到外停放情况,即栈底到栈顶的元素依次为:车辆1,车辆2,车辆5,车辆4。

### ◇3.4.7 实验总结

本实验具有一定的综合性,栈结构的特点是先进后出,队列的特点是先进先出。在停车场问题中,用栈模拟停车场,用队列模拟暂停区域,车辆的进出则用出栈入栈、出队入队操作实现。通过本实验可进一步理解栈和队列这两种线性表的结构特点和基本操作方法。

# 第4章

# 树 和 图

## 4.1 二叉树的封装与遍历

### ◇4.1.1 实验目的及要求

(1) 熟悉二叉树的顺序和链式存储结构(即二叉链表)。

(2) 掌握二叉树的中序、先序及后序遍历方法。

(3) 了解二叉树的输出方法。

### ◇4.1.2 实验内容

已知二叉树的顺序存储序列(可能有虚结点),程序将二叉树序列转换为二叉链表形式,最后按先序、中序、后序方式遍历二叉树并输出结果。

二叉树序列满足以下要求。

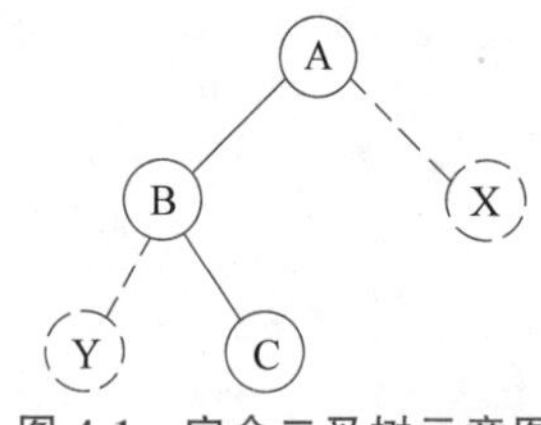

图 4-1 完全二叉树示意图

二叉树结点数据为 A～Z 中任意一个字母,#表示扩充为完全二叉树时附加的虚拟结点,$表示二叉树序列结束。例如,图 4-1 中的二叉树序列为“AB# #C$”,第 1 个位置为空格。假定序列一定是合理的。

程序将数组形式的二叉树序列转换为二叉链表。最终得到链表的 root 指针。

按先序、中序、后序方式遍历二叉树并输出结果序列。

### ◇4.1.3 实验原理

**1. 树的定义**

树是由根结点和若干棵子树构成的。具体地说,有一个特定的结点被称为根结点或树根,除根结点之外的其余数据元素被分为 $m(m\geqslant 0)$个互不相交的集合 $T_1,T_2,\cdots,T_m$,其中每一个集合 $T_i(1\leqslant i\leqslant m)$本身也是一棵树,被称作原树的子树。

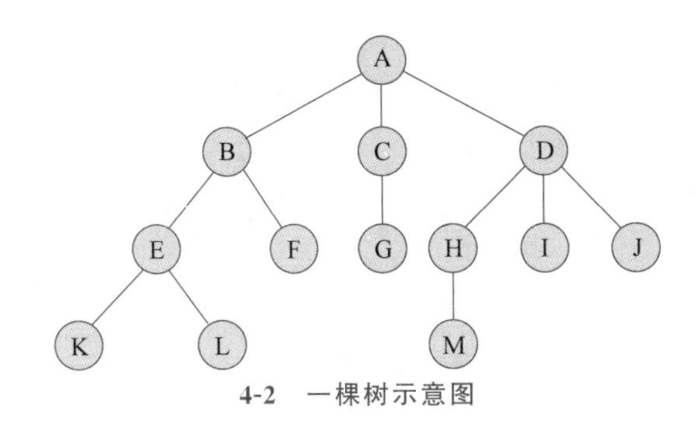


4-2　一棵树示意图

树的相关术语如下。

结点：包含一个数据元素及若干指向其他结点的分支信息。

结点的度：一个结点的子树个数称为此结点的度。

叶子结点：度为 0 的结点，即无后继的结点，也称为终端结点。

分支结点：度不为 0 的结点，也称为非终端结点。

孩子结点：一个结点的直接后继称为该结点的孩子结点。如图 4-2 中的 B、C 是 A 的孩子。

父结点：一个结点的直接前驱称为该结点的双亲结点。如图 4-2 中的 A 是 B、C 的双亲。

结点的层次：定义根结点的层次为 1，根的直接后继的层次为 2，以此类推。

树的度：树中所有结点的度的最大值。

树的深度：树中所有结点的层次的最大值。

有序树：在树 $T$ 中，如果各子树 $T_i$ 之间是有先后次序的，则称为有序树。

森林：$m(m \geqslant 0)$棵互不相交的树的集合。

**2. 二叉树**

1）二叉树的定义

满足以下两个条件的树状结构叫作二叉树（Binary Tree）。

（1）每个结点的度都不大于 2。

（2）每个结点的孩子结点左右次序不能任意颠倒。

二叉树的 5 种基本形态如图 4-3 所示。

(a) 空二叉树

(b) 只有根结点的二叉树

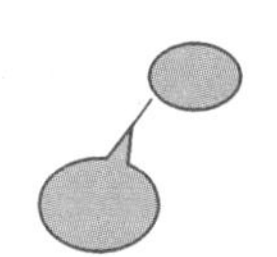

(c) 只有左子树的二叉树

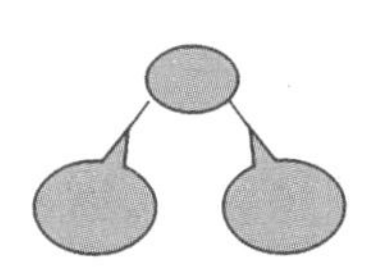

(d) 左右子树均非空的二叉树

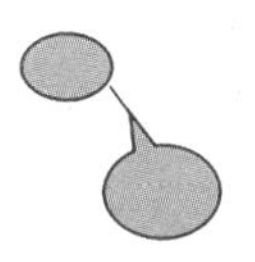

(e) 只有右子树的二叉树

图 4-3　5 种基本形态二叉树

2）二叉树的性质

性质 1：在二叉树的第 $i$ 层上至多有 $2^{i-1}$ 个结点（$i \geqslant 1$）。

性质 2：深度为 $k$ 的二叉树至多有 $2^k-1$ 个结点（$k \geqslant 1$）。

性质 3：具有 $n$ 个结点的完全二叉树的深度为 $\lfloor \log_2 n \rfloor + 1$。

3）特殊的二叉树。

（1）满二叉树。

深度为 $k$ 且有 $2^k-1$ 个结点的二叉树为满二叉树。在满二叉树中，每层结点都是满的，即每层结点都具有最大结点数，如图 4-4 所示。

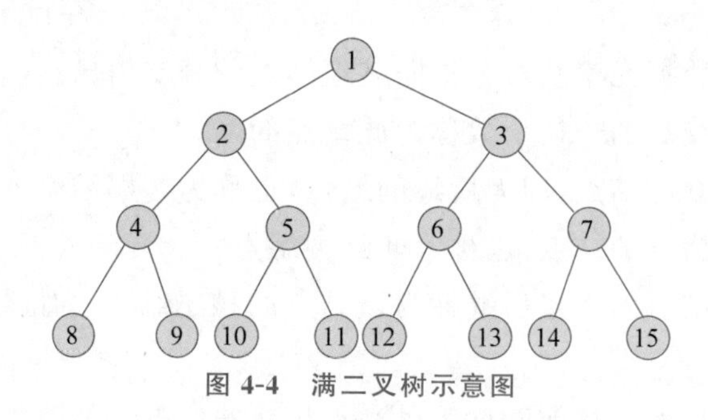


图 4-4　满二叉树示意图

（2）完全二叉树。

若设二叉树的深度为 $h$，除第 $h$ 层外，其他各层（$1 \sim h-1$）的结点数都达到最大个数，第 $h$ 层所有的结点都连续集中在最左边，这就是完全二叉树，如图 4-5 所示。

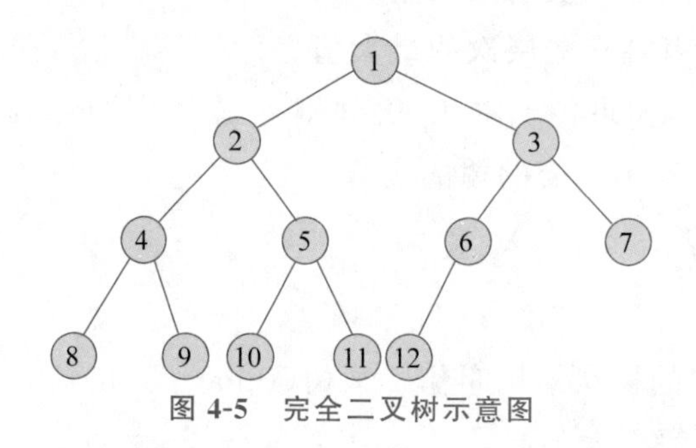


图 4-5　完全二叉树示意图

（3）满二叉树和完全二叉树的关系。

满二叉树必为完全二叉树，而完全二叉树不一定是满二叉树。

（4）完全二叉树性质。

对于具有 $n$ 个结点的完全二叉树，如果按照从上到下和从左到右的顺序对二叉树中的所有结点从 1 开始顺序编号，则对于任意的序号为 $i$ 的结点有：

① 若 $i=1$，则 $i$ 无双亲结点；若 $i>1$，则 $i$ 的双亲结点为 $\lfloor i/2 \rfloor$。

② 若 $2i>n$，则 $i$ 无左孩子；若 $2i \leqslant n$，则 $i$ 结点的左孩子结点为 $2i$。

③ 若 $2i+1>n$，则 $i$ 无右孩子；若 $2i+1 \leqslant n$，则 $i$ 的右孩子结点为 $2i+1$。

4）二叉树的存储结构

（1）顺序存储结构。

顺序存储结构是用一组连续的存储单元来存放二叉树的数据元素。利用上述完全二叉树性质可以用一维数组存储完全二叉树，如图 4-6 所示。

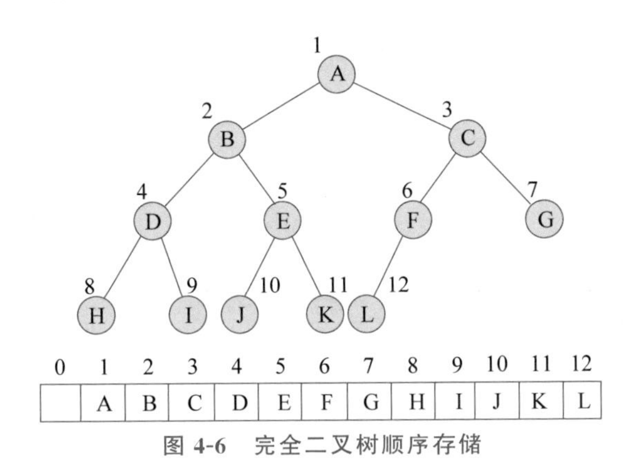


图 4-6　完全二叉树顺序存储

（2）链式存储结构。

每个结点只有两个孩子，一个双亲结点。可以设计每个结点至少包括三个域：数据域、左孩子域和右孩子域。

结点的结构：

| LChild | Data | RChild |
|---|---|---|

C 语言描述：

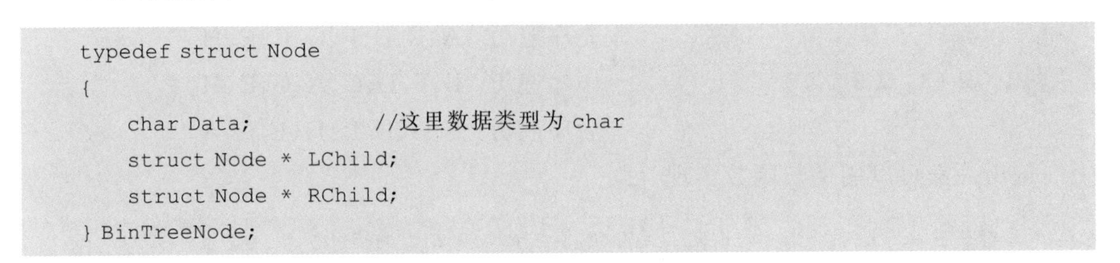

```
typedef struct Node
{
    char Data;            //这里数据类型为 char
    struct Node * LChild;
    struct Node * RChild;
} BinTreeNode;
```

二叉树的二叉链表存储如图 4-7 所示。

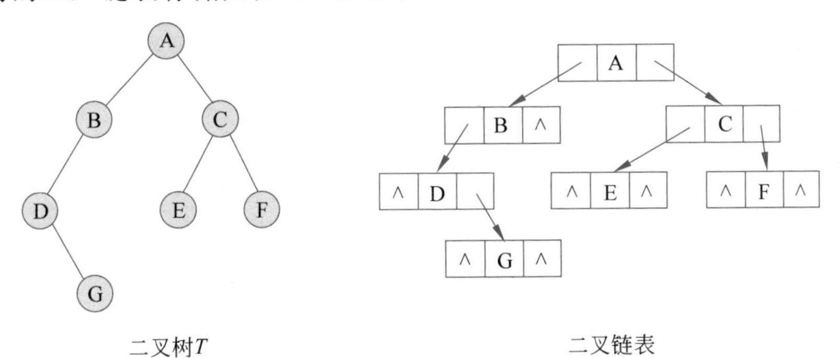


图 4-7　二叉链表存储表示

**3. 二叉树先序、中序、后序遍历**

对于二叉链表存储形式而言，仅知道根指针 root，如何访问各个结点呢？先回忆一下遍历的概念，遍历就是以某种方式访问树中每个结点，且每个结点只访问一次。

1）先序遍历过程

若二叉树为空，则空操作，否则依次执行如下操作。

（1）访问根结点。

（2）按先序遍历左子树。

（3）按先序遍历右子树。

2）中序遍历过程

若二叉树为空，则空操作，否则依次执行如下操作。

（1）按中序遍历左子树。

（2）访问根结点。

（3）按中序遍历右子树。

3）后序遍历过程

若二叉树为空，则空操作，否则依次执行如下操作。

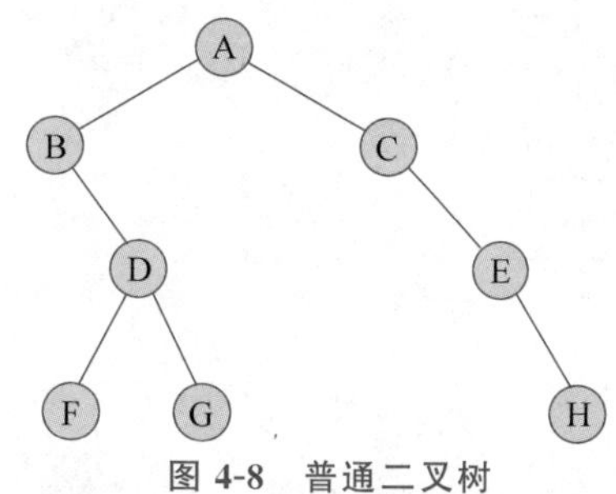

**图 4-8 普通二叉树**

（1）按后序遍历左子树。

（2）按后序遍历右子树。

（3）访问根结点。

对于如图 4-8 所示的二叉树，其先序、中序、后序遍历的序列如下。

先序遍历：A、B、D、F、G、C、E、H

中序遍历：B、F、D、G、A、C、E、H

后序遍历：F、G、D、B、H、E、C、A

遍历一般可以用递归函数实现。

```
/* 先序遍历二叉树, root 为指向二叉树(或某一子树)根结点的指针 */
void PreOrder(BinTreeNode * root)
{  if(root!=NULL)
   {
      Visit(root ->data);           /* 访问根结点 */
      PreOrder(root ->LChild);      /* 先序遍历左子树 */
      PreOrder(root ->RChild);      /* 先序遍历右子树 */
   }
}
/* 中序遍历二叉树, root 为指向二叉树(或某一子树)根结点的指针 */
void InOrder(BinTreeNode * root)
{  if(root!=NULL)
```

```
    {
        InOrder(root ->LChild);           /* 中序遍历左子树 */
        Visit(root ->data);               /* 访问根结点 */
        InOrder(root ->RChild);           /* 中序遍历右子树 */
    }
}
/* 后序遍历二叉树,root 为指向二叉树(或某一子树)根结点的指针 */
void PostOrder(BinTreeNode * root)
{  if(root!=NULL)
    {
        PostOrder(root ->LChild);         /* 后序遍历左子树 */
        PostOrder(root ->RChild);         /* 后序遍历右子树 */
        Visit(root ->data);               /* 访问根结点 */
    }
}
```

以中序遍历为例,来说明中序遍历二叉树的递归过程,如图 4-9 所示。

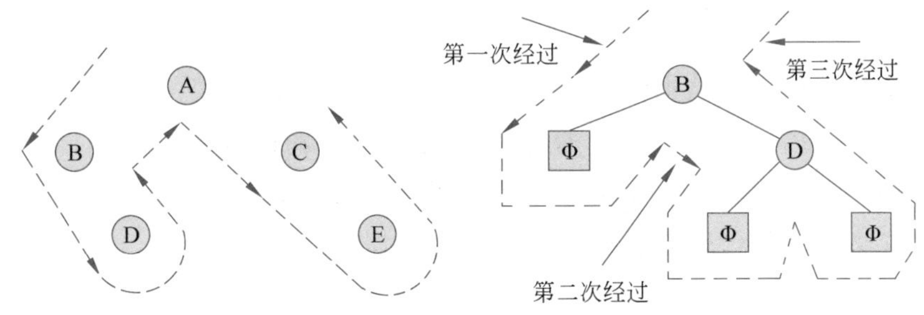


图 4-9 中序遍历二叉树函数执行过程

第一层函数参数为 A 的指针,但先不访问 A。

第二层函数参数为 B 的指针,但先不访问 B(第一次经过 B)。

第三层函数参数为 B 的左孩子的指针,但该指针为 NULL,故本层函数结束。

退回第二层函数时访问 B(第二次经过 B),然后向 B 的右孩子出发。

到达 D(第三层函数),再到 D 的左子(第四层函数),返回 D 并访问 D(第三层函数),再到 D 的右子(第四层函数),再返回 D(第三层函数),再返回 B(第二层函数),这是第三次经过 B。

……

每个结点都经过三次,其中第二次访问结点内容。

**4. 二叉树从顺序存储转换为链式存储**

任何一棵普通二叉树都是深度相同的完全二叉树的一个子集。如果将普通二叉树补足成完全二叉树,则可以利用完全二叉树的性质,用一个特定的序列表示一棵普通二叉树。

例如,图 4-10 是完全二叉树。若从 1 开始,对二叉树从上到下、从左至右依次进行编号，则二叉树中任一编号为 $i$ 的结点，其左孩子若存在，则编号为 $2i$，其右孩子若存在，则编号为 $2i+1$。于是该完全二叉树可用序列{A,B,X,Y,C}表示，序列的位置关系隐含了结点间的联系。例如，B 为 2 号位，则 4 号和 5 号位的 Y 和 C 分别为 B 的左孩子和右孩子。

显然，图 4-11 中的二叉树是图 4-10 中完全二叉树的一部分。假定将图 4-11 扩充为图 4-10 的形式，并将附加结点 X 和 Y 用♯表示，则图 4-11 中的二叉树可用序列{A, B,♯,♯,C}表示。显然，任意一棵普通二叉树都有类似的表示序列。

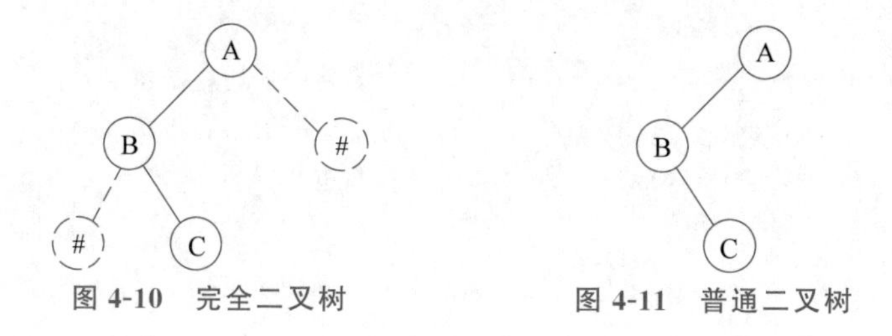


图 4-10 完全二叉树　　图 4-11 普通二叉树

## ◇4.1.4 实验步骤

(1) 定义二叉树结点结构体 BinTreeNode。

(2) 实现二叉树 BinTreeNode 的先序、中序和后序的遍历函数。

(3) 实现二叉树 BinTreeNode 的生成过程函数 create()。

(4) 主函数对相关代码进行测试。

## ◇4.1.5 参考代码

参考代码如下。

```
1.  #include <iostream>
2.  using namespace std;
3.  typedef struct Node
4.  {
5.      char data;                          //这里数据类型为 char
6.      struct Node * LChild;
7.      struct Node * RChild;
8.  } BinTreeNode;
9.  /* 先序遍历二叉树, root 为指向二叉树(或某一子树)根结点的指针 */
10. void PreOrder(BinTreeNode * root)
11. {  if(root != NULL)
12.      {
13.          cout << (root->data);      /* 访问根结点 */
14.          PreOrder(root->LChild);    /* 先序遍历左子树 */
15.          PreOrder(root->RChild);    /* 先序遍历右子树 */
16.      }
```

```
17. }
18. /* 中序遍历二叉树, root 为指向二叉树(或某一子树)根结点的指针 */
19. void InOrder(BinTreeNode * root)
20. {  if(root != NULL)
21.    {
22.        InOrder(root->LChild);        /* 中序遍历左子树 */
23.        cout << root->data;           /* 访问根结点 */
24.        InOrder(root->RChild);        /* 中序遍历右子树 */
25.    }
26. }
27. /* 后序遍历二叉树,root 为指向二叉树(或某一子树)根结点的指针 */
28. void PostOrder(BinTreeNode * root)
29. {  if(root != NULL)
30.    {
31.        PostOrder(root->LChild);   /* 后序遍历左子树 */
32.        PostOrder(root->RChild);   /* 后序遍历右子树 */
33.        cout << root->data;        /* 访问根结点 */
34.    }
35. }
36. BinTreeNode * create(char ch[])
37. {
38.     BinTreeNode * q[50];            //定义结点指针数组,存放完全二叉树结点指针
39.     BinTreeNode * s, * root;        //定义结点指针 s、根结点指针 root
40.     root = NULL;
41.     int i = 1;
42.     while (ch[i] != '$ ')           //输入值为$号,算法结束
43.     {
44.         while (ch[i] == '#')        //跳过#值
45.         {
46.             i++;
47.             q[i] = NULL;            //附加结点指针为空
48.         }
49.         s = new BinTreeNode;
50.         s->data = ch[i];
51.         s->LChild = NULL;
52.         s->RChild = NULL;
53.         if(i == 1)
54.             root = s;
55.         else
56.         {
57.             if(s != NULL && q[i / 2] != NULL)
58.             {
59.                 if(i %2 == 0)
60.                     q[i / 2]->LChild = s;          //i 为偶数
```

```
61.                  else
62.                      q[i / 2]->RChild = s;   //i为奇数
63.              }
64.          }
65.          q[i] = s;
66.          i = i + 1;
67.      }
68.      return root;
69.  }
70.  //主函数
71.  int main()
72.  {
73.      char ch[] = " AB##C$ ";
74.      BinTreeNode * r = create(ch);
75.      PreOrder(r);
76.      cout << endl;
77.      InOrder(r);
78.      cout << endl;
79.      PostOrder(r);
80.      return 0;
81.  }
```

### ◇4.1.6 实验结果

（1）写出二叉树实现代码并给出程序运行结果。

（2）给出数据记录并对二叉树运行结果进行分析，画出图表。

（3）进行复杂度分析。

**1. 代码说明**

代码第40行对申明的指针root有个初始化为空指针root＝NULL的操作，如果没有这个操作，编译器可能会报如图4-12所示的这个错误。

图4-12 编译器报错

在VS Studio中创建项目时，会有一个选项，叫作"安全开发生命周期(SDL)检查"，这是微软在VS2013中新推出的，为了能更好地监管开发者的代码安全，如果勾选这一项，那么将严格按照SDL的规则编译代码，会有一些以前常用的函数无法通过编译，如在VS2010中的scanf()是warning那么在VS2013中就是error了。这里因为root作为返回值，它的赋值操作如果是在while或者if这类条件控制语句中，编译器会认为root可能没有赋值就返回，这是非常危险的行为，所以虽然不影响程序运行但是还是会报错。

先序遍历输出 ABC，中序遍历输出 BCA，后序遍历输出 CBA，与实际输入的“AB##C$”先序、中序、后序遍历所得出的结果相同，验证了代码可以实现，如图 4-13 所示。

图 4-13 实验结果验证

2. 复杂度分析

假设构建二叉树使用的数组长度为 $N$。

构建二叉树时遍历数组即可，时间复杂度为 $O(n)$，空间复杂度为 $O(n)$。

前序、中序、后序遍历：时间复杂度为 $O(n)$，空间复杂度为 $O(n)$（递归本身占用 stack 空间或者用户自定义的 stack）。

### ◇4.1.7 实验总结

下面对本次实验进行结论陈述。

(1) 算法原理：顺序存储结构是用一组连续的存储单元来存放二叉树的数据元素。利用顺序存储结构可以构建链式存储的二叉树，构建完成后再进行三种访问模式输出。

(2) 在访问中使用了递归的方法，熟悉递归的运作流程和定义，理解运行原理。

(3) 复杂度：时间复杂度为 $O(n)$，空间复杂度为 $O(n)$。

## 4.2 哈夫曼树与哈夫曼编码

### ◇4.2.1 实验目的及要求

(1) 练习树和哈夫曼树的有关操作和各个算法程序。

(2) 理解哈夫曼树的编码和译码过程。

(3) 使用哈夫曼编码解决实际问题。

### ◇4.2.2 实验内容

已知电文以及电文中各字母出现的频率，试编程构造其哈夫曼编码和哈夫曼树。

输入：权值个数以及每个权值。

输出：哈夫曼二叉树带权路径、哈夫曼二叉树以及哈夫曼编码。

样本输入：

```
6
3,9,5,12,6,15
```

样本输出：

```
带权路径=122
```

哈夫曼树：50(21(9,12),29(14(6,8(3,5)),15))。

哈夫曼编码：

结点的权值为 9 的编码：00。

结点的权值为 12 的编码：01。

结点的权值为 6 的编码：100。

结点的权值为 3 的编码：1010。

结点的权值为 5 的编码：1011。

结点的权值为 15 的编码：11。

### ◇4.2.3 实验原理

路径：若二叉树中存在一个结点序列 $k_1,k_2,\cdots,k_j$，使得 $k_i$ 是 $k_{i+1}$ 的双亲，则称该结点序列是从 $k_1$ 到 $k_j$ 的一条路径。

路径长度：路径上的结点数减 1。

结点的权：对二叉树中的结点赋予一个有意义的数，称为该结点上的权。

结点的带权路径长度：结点到二叉树树根之间的路径长度与该结点上权的乘积。

树的带权路径长度：树中所有叶子结点的带权路径长度之和。通常记作：

$$\mathrm{WPL}=\sum_{i=1}^{n} w_i l_i$$

其中，$n$ 表示叶子结点的数目，$w_i$ 表示叶子结点 $k_i$ 的权值，$l_i$ 表示树根结点到叶子结点 $k_i$ 之间的路径长度。

哈夫曼树(Huffman Tree)：在权为 $w_1,w_2,\cdots,w_n$ 的 $n$ 个叶子结点的所有二叉树中，将带权路径长度 WPL 最小的二叉树称为哈夫曼树或最优二叉树。

例如，设有 4 个结点 $a,b,c,d$，权值分别为 7,5,2,4，试构造以这 4 个结点为叶子结点的最优二叉树。

经计算可知，WPL$=7\times1+5\times2+2\times3+4\times3=35$ 为最小，因此得到哈夫曼树，如图 4-14 所示。

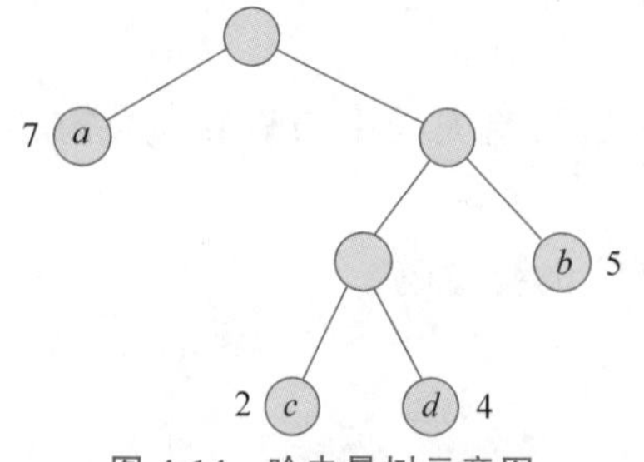

图 4-14 哈夫曼树示意图

哈夫曼编码(Huffman Coding)：一种用于无损数据压缩的熵编码(权编码)算法，它使用变长编码表对电文进行编码，其中，变长编码表是通过一种评估电文中的来源符号出现概率的方法得到的，出现概率高的字母使用较短的编码，反之则使用较长的编码，这便使编码之后的字符串的平均长度和期望值降低，从而达到无损压缩数据的目的。

哈夫曼编码的具体方法：先按出现的概率大小排队，把两个最小的概率相加，作为新的概率和剩余的概率重新排队，再把最小的两个概率相加，再重新排队，直到最后变成 1。每次相加时都将“0”和“1”赋予相加的两个概率，读出时由该符号开始一直走到最后的“1”，将路线上所遇到的“0”和“1”按最低位到最高位的顺序排好，就是该符号的哈夫曼编码。编码时采用自底向上，译码时则采用自顶向下。

例如，若需传送的电文为“ABCACCDAEAE”，已知 A，B，C，D，E 的频率（即权值）分别为 0.36，0.1，0.27，0.1，0.18，则构造出哈夫曼树如图 4-15 所示。

编码：A：11，C：10，E：00，B：010，D：011，则电文“ABCACCDAEAE”的哈夫曼编码便为“110101011101001111001100”（共 24 位）。

译码：从哈夫曼树根开始，对待译码电文逐位取码。若编码是“0”，则向左走；若编码是“1”，则向右走，一旦到达叶子结点，则译出一个字符；再重新从根出发，直到电文结束。

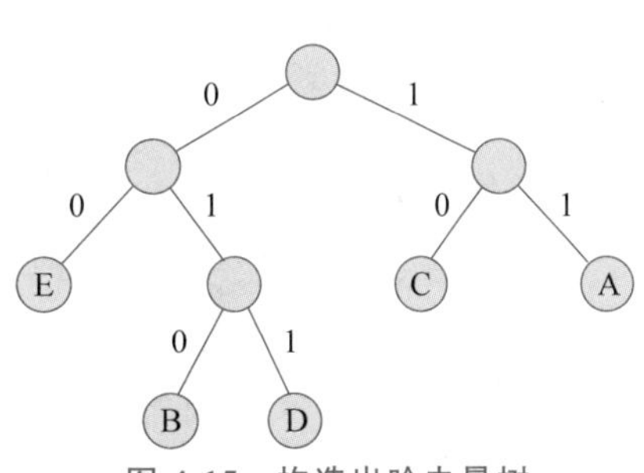

图 4-15 构造出哈夫曼树

详细概念可参阅本节相关的参考教材。

```
//显示哈夫曼编码(参数为哈夫曼树和带权路径)
void HuffManCoding(HuffmanTree * tree, int len)
{
    static int a[10];                                   //用于存储哈夫曼编码
    if(tree != NULL)
{
        if(指针 tree 左右孩子均为空)
        {
            输出数组 a[]从 0 到 len-1 位置数据;
        }
        else
        {
            a[len] = 0;                                 //编码尾部加 0
            HuffManCoding(tree->left, len + 1);         //向左孩子递归前进
            编码尾部加 1;
            向右孩子递归前进;
        }
    }
}
```

## ◇4.2.4 实验步骤

**步骤 1**：由给定的 $n$ 个字母 $\{C_0, C_1, C_2, \cdots, C_{n-1}\}$ 和权值 $\{W_0, W_1, W_2, \cdots, W_{n-1}\}$，

构造具有 $n$ 棵扩充二叉树的森林 $F=\{T_0, T_1, T_2, \cdots, T_{n-1}\}$，其中每棵扩充二叉树 $T_i$ 只有一个带权值 $W_i$ 的根结点，其左、右子树均为空。

步骤 2：在 $F$ 中选取两棵根结点权值最小的扩充二叉树，作为左、右子树构造一棵新的二叉树，并置新的二叉树的根结点的权值为其左、右子树上根结点的权值之和。

步骤 3：在 $F$ 中删去这两棵二叉树。

步骤 4：把新的二叉树加入 $F$ 中。

步骤 5：重复步骤 2～步骤 4，直到 $F$ 中仅剩下一棵二叉树为止，即为所求哈夫曼树。

### ◇4.2.5 参考代码

参考代码如下。

```
1. #include<stdio.h>
2. #include"stdlib.h"
3. #include <string.h>
4. typedef int ElemType;                          //权值类型
5. struct HuffmanTree                             //哈夫曼树
6. {
7. ElemType weight;                               //权值
8. struct HuffmanTree * left;                     //左子树
9. struct HuffmanTree * right;                    //右子树
10. };
11. //遍历哈夫曼树(参数为哈夫曼树)
12. void PrintHuffmanTree(HuffmanTree * tree);
13. //创建哈夫曼树(参数为权值数组和结点个数)
14. HuffmanTree* CreateHuffmanTree(ElemType * weight, int n);
15. //计算哈夫曼树的带权路径(参数为哈夫曼树和带权路径)
16. ElemType WeightPathLength(HuffmanTree * tree, int len);     //len 初始为 0
17. //显示哈夫曼编码(参数为哈夫曼树和带权路径)
18. void HuffManCoding(HuffmanTree * tree, int len);
19. int main()                                     //主函数
20. {
21. int n;                                         //权值数量
22. scanf("%d",&n);
23. //权值数组
24. ElemType * weight=(ElemType *)malloc(n*sizeof(ElemType));
25. int i;
26. for(i=0;i<n;i++)
27. {
28. scanf("%d,",&weight[i]);
29. }
30. HuffmanTree * tree;
```

```
31. tree=CreateHuffmanTree(weight, n);                    // 创建哈夫曼树
32. ElemType pathlen=WeightPathLength(tree,0);  //计算哈夫曼树的带权路径
33. printf("带权路径=%d\n",pathlen);
34. printf("哈夫曼树:\n");
35. PrintHuffmanTree(tree);                               //遍历哈夫曼树
36. printf("\n 哈夫曼编码:\n");
37. HuffManCoding(tree, 0);                               //显示哈夫曼编码
38. printf("\n");
39. return 0;
40. }
41. //遍历哈夫曼树(参数为哈夫曼树)
42. void PrintHuffmanTree(HuffmanTree * tree)
43. {
44. if(tree != NULL)
45. {
46. printf("%d", tree->weight);
47. if(tree->left != NULL || tree->right != NULL)
48. {
49. printf(" ( ");
50. PrintHuffmanTree(tree->left);                          //输出左子树
51. if(tree->right != NULL)
52. {
53. printf(" , ");
54. }
55. PrintHuffmanTree(tree->right);                         //输出右子树
56. printf(" ) ");
57. }
58. }
59. }
60. //创建哈夫曼树(参数为权值数组和结点个数)
61. HuffmanTree * CreateHuffmanTree(ElemType * weight, int n)
62. {
63. int i, j;
64. HuffmanTree * * b, * q;
65. q=NULL;
66. //森林 b 的动态内存分配
67. b = (HuffmanTree * * )malloc(n * sizeof(HuffmanTree));
68. for (i = 0; i < n; i++)
69. {
70. //森林中的每一棵二叉树的动态内存分配
71. b[i] = (HuffmanTree * )malloc(sizeof(HuffmanTree));
72. b[i]->weight = weight[i];
73. b[i]->left = b[i]->right = NULL;
74. }
```

```
75. for (i = 1; i < n; i++)
76. {
77. //k1 表示森林中具有最小权值的树根结点的下标,k2 为次最小的下标
78. int k1 = -1, k2;
79. for (j = 0; j < n; j++)          //k1 初始指向森林中第一棵树,k2 指向第二棵
80. {
81. if(b[j] != NULL && k1 == -1)
82. {
83. k1 = j;
84. continue;
85. }
86. if(b[j] != NULL)
87. {
88. k2 = j;
89. break;
90. }
91. }
92. for (j = k2; j < n; j++)         //构造最优解
93. {
94. if(b[j] != NULL)
95. {
96. if(b[j]->weight < b[k1]->weight)
97. {
98. k2 = k1;
99. k1 = j;
100. }
101. else if(b[j]->weight < b[k2]->weight)
102. {
103. k2 = j;
104. }
105. }
106. }
107. q = (HuffmanTree *)malloc(sizeof(HuffmanTree));
108. q->weight = b[k1]->weight + b[k2]->weight;
109. q->left = b[k1];
110. q->right = b[k2];
111. b[k1] = q;
112. b[k2] = NULL;
113. }
114. free(b);
115. return q;
116. }
117. //计算哈夫曼树的带权路径(参数为哈夫曼树和带权路径)
118. ElemType WeightPathLength(HuffmanTree * tree, int len)     //len 初始为 0
```

```
119. {
120. if(tree == NULL)          //空树返回 0
121. {
122. return 0;
123. }
124. else
125. {
126. if(tree->left == NULL && tree->right == NULL)
127. {
128. return tree->weight * len;
129. }
130. else
131. {
132. return WeightPathLength(tree->left, len + 1) + WeightPathLength(tree->
    right, len + 1);
133. }
134. }
135. }
136. //显示哈夫曼编码(参数为哈夫曼树和带权路径)
137. void HuffManCoding(HuffmanTree * tree, int len)
138. {
139. static int a[10];
140. if(tree != NULL)
141. {
142. if(tree->left == NULL && tree->right == NULL)
143. {
144. int i;
145. printf("结点的权值为%d 的编码: ", tree->weight);
146. for (i = 0; i < len; i++)
147. {
148. printf("%d", a[i]);
149. }
150. printf("\n");
151. }
152. else
153. {
154. a[len] = 0;
155. HuffManCoding(tree->left, len + 1);
156. a[len] = 1;
157. HuffManCoding(tree->right, len + 1);
158. }
159. }
160. }
```

### ◇4.2.6 实验结果

（1）写出算法实现代码并给出程序运行结果。

（2）给出数据记录并对算法运行结果进行分析，画出图表。

（3）对算法进行复杂度分析。

**1. 实验结果验证**

实验结果验证 1 如图 4-16 所示。

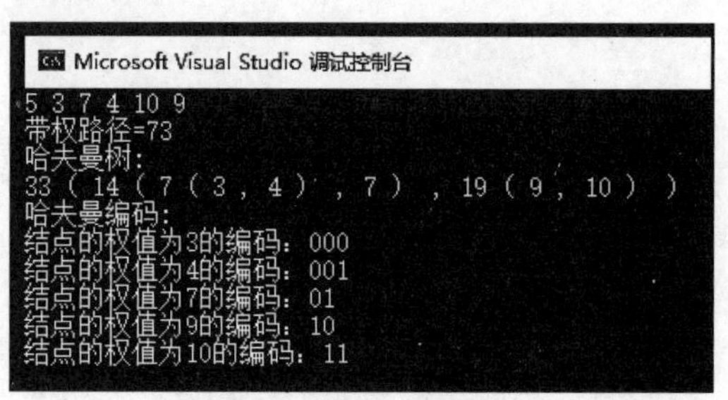


图 4-16　实验结果验证 1

输入 5 个权值结点分别为 3,7,4,10,9。

结点的权值为 3 的编码：000。

结点的权值为 4 的编码：001。

结点的权值为 7 的编码：01。

结点的权值为 9 的编码：10。

结点的权值为 10 的编码：11。

构造的哈夫曼树如图 4-17 所示。

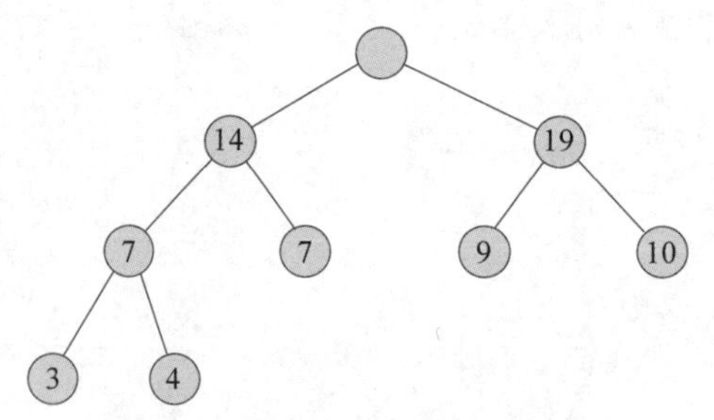


图 4-17　构造的哈夫曼树 1 示意图

实验结果验证 2 如图 4-18 所示。

输入 3 个权值结点分别为 7,10,4。

结点的权值为 10 的编码：0。

结点的权值为 4 的编码：10。

结点的权值为 7 的编码：11。

构造的哈夫曼树如图 4-19 所示。

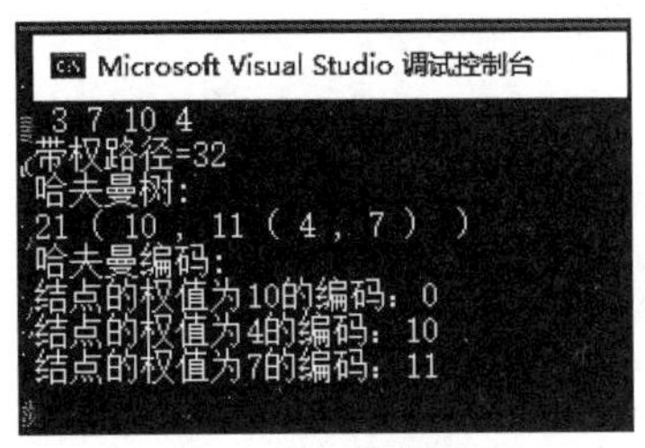


图 4-18 实验结果验证 2

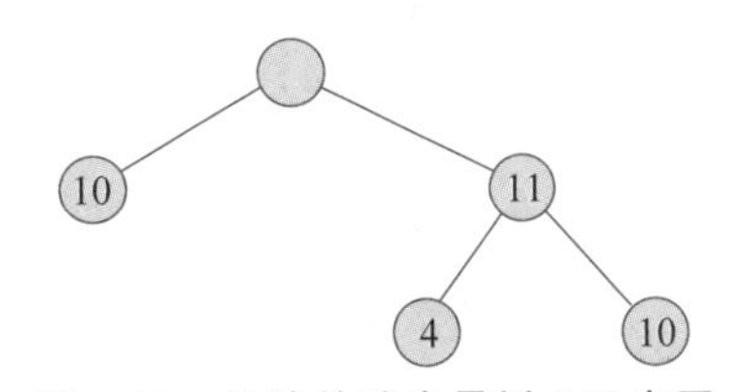


图 4-19 构造的哈夫曼树 2 示意图

验证结果证明,代码可以实现根据权值构建哈夫曼树并输出哈夫曼编码的设计目标。

**2. 算法复杂度分析**

哈夫曼树的构造过程类似堆排序,其时间复杂度和堆排序是一样的,为 $O(n\log n)$。

在运行过程中,只需要更改树指针的指向就能实现哈夫曼树的构造,所以空间复杂度为 $O(n)$。

### ◇4.2.7 实验总结

下面对本次实验进行结论陈述。

(1) 算法原理:先按出现的概率大小排队,把两个最小的概率相加,作为新的概率和剩余的概率重新排队,再把最小的两个概率相加,再重新排队,直到最后变成 1。每次相加时都将“0”和“1”赋予相加的两个概率,读出时由该符号开始一直走到最后的“1”,将路线上所遇到的“0”和“1”按最低位到最高位的顺序排好,就是该符号的哈夫曼编码。编码时采用自底向上,译码时则采用自顶向下。

(2) 实验中使用了链式二叉树的数据结构,复习链式二叉树数据结构的构造、三种遍历方式等。

(3) 复杂度分析:时间复杂度为 $O(n\log n)$,空间复杂度为 $O(n)$。

## 4.3 图的邻接表存储

### ◇4.3.1 实验目的及要求

(1) 练习如何编码实现图的邻接表存储。

(2) 理解图的邻接表结构存储的优势。

(3) 思考数据结构对算法效率的影响,以及如何设计合适的数据结构。

### ◇4.3.2 实验内容

已知图的顶点和边,试编程使用邻接表结构存储此图。

输入：顶点数、边数和每条边。

输出：输出邻接表。

样本输入：

```
请输入顶点数:
5
请输入边数:
7
请输入每条边:
0 1
1 2
2 3
2 4
3 4
3 1
4 0
```

样本输出：

```
图的邻接表结构如下:
0: 4->1
1: 3->2->0
2: 4->3->1
3: 1->4->2
4: 0->3->2
```

### ◇4.3.3 实验原理

图可以采用邻接矩阵表示，它强调顶点之间的关系，使用二维数组存储也很简洁直观，但在一些图的算法中使用邻接矩阵并不能快速获取边的信息。

因此产生了另一种图的存储结构，将顶点和边的信息相结合，即图的邻接表存储结构。邻接表直观地表示了图中的 $n$ 个顶点以及和每个顶点相邻的边的信息。图的所有顶点存储在一个顺序表中，每个顶点对应一个单向链表，存储与该顶点相连的所有顶点（顺序没有要求）。

对于图（AGraph）中的每个顶点（VNode），需要知道哪些边（Edge）和它相邻接，所以在顶点的结构体 VNode 中，设置一个指针指向一个单向链表，该单向链表存储与当前结点相邻的结点编号，这样顶点加上链表中某一结点信息就组成了一条边（当前结点，相邻结点），整条链表就包含与此顶点连接的所有边的信息。

可以看出，邻接表结构，可以通过顺序表快速获取顶点信息，同时再通过顶点对应的链表，又可以快速地获取其相关边的信息。这种存储结构，为图的算法提供了较便利的获取顶点和边信息的方法。无向图的邻接表存储结构示意图如图 4-20 所示。

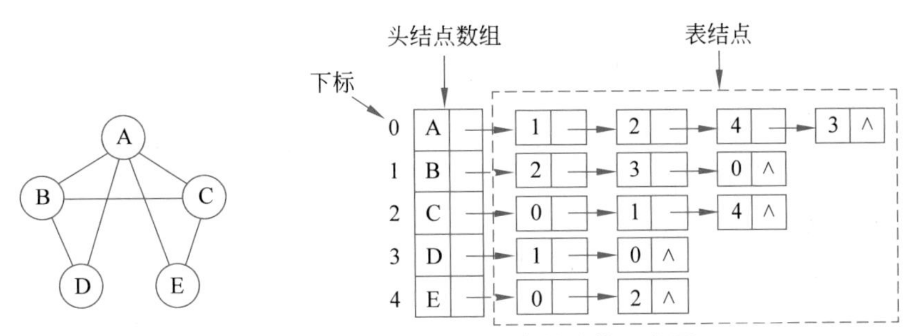


图 4-20 无向图的邻接表存储结构示意图

## ◇4.3.4 实验步骤

步骤 1：输入顶点数 $n$，建立顶点顺序表。

步骤 2：输入边数 $e$ 和每条边。

步骤 3：在输入边的过程中，同时建立每个顶点对应的单链表，并将顶点结构体中的头指针赋值。

步骤 4：打印邻接表。

## ◇4.3.5 参考代码

参考代码如下。

```
1. #define _CRT_SECURE_NO_WARNINGS
2.
3. #include <stdio.h>
4. #include <stdlib.h>
5. #include <string.h>
6.
7. #define MAXSIZE 256
8.
9. struct Edge              //图的边
10. {
11.     int adjvex;
12.     struct Edge * nextEdge;
13. };
14.
15. struct VNode             //图的顶点
16. {
17.     int data;
18.     Edge * firstEdge;
19. };
20.
21. struct AGraph            //图的邻接表
22. {
```

```
23.     VNode adjlist[MAXSIZE];
24.     int n, e;
25. };
26.
27. void CreateGraph(AGraph * g, int n, int e);      //建立图的邻接表结构
28. void PrintGraph(AGraph * g);                     //显示图的邻接表
29.
30. int main()                                       //主函数
31. {
32.     AGraph g;                                    //定义图
33.     int n;
34.     int e;
35.     printf("请输入顶点数: \n");
36.     scanf("%d", &n);
37.     printf("请输入边数: \n");
38.     scanf("%d", &e);
39.     CreateGraph(&g, n, e);                       //建立图的邻接表结构
40.     PrintGraph(&g);                              //显示图的邻接表
41.     return 0;
42. }
43.
44. void CreateGraph(AGraph * g, int n, int e)       //建立图的邻接表结构
45. {
46.     Edge * s;
47.     g->n = n;
48.     g->e = e;
49.     int i;
50.                                                  //图的邻接表初始化
51.     for (i = 0; i < n; i++)
52.     {
53.         g->adjlist[i].data = i;
54.         g->adjlist[i].firstEdge = NULL;
55.     }
56.     printf("请输入每条边: \n");
57.     int a, b;
58.     //图的邻接表建立
59.     for (i = 0; i < e; i++)
60.     {
61.         scanf("%d %d", &a, &b);                  //输入顶点 a 到 b 之间的边
62.         s = (Edge * )malloc(sizeof(Edge));
63.         s->adjvex = b;
64.         s->nextEdge = g->adjlist[a].firstEdge;
65.         g->adjlist[a].firstEdge = s;
66.         s = (Edge * )malloc(sizeof(Edge));
67.         s->adjvex = a;
68.         s->nextEdge = g->adjlist[b].firstEdge;
69.         g->adjlist[b].firstEdge = s;
```

```
70.     }
71. }
72.
73. void PrintGraph(AGraph * g)             //显示图的邻接表
74. {
75.     printf("图的邻接表结构如下:\n");
76.     int i;
77.     for (i = 0; i < g->n; i++)
78.     {
79.         printf("%d: ", g->adjlist[i].data);
80.         Edge * s;
81.         s = g->adjlist[i].firstEdge;
82.         while (s != NULL)
83.         {
84.             printf("%d", s->adjvex);
85.             if(s->nextEdge != NULL) printf("->");
86.             s = s->nextEdge;
87.         }
88.         printf("\n");
89.     }
90. }
```

## ◇4.3.6 实验结果

(1) 写出算法实现代码并给出程序运行结果。

(2) 对算法进行复杂度分析。

### 1. 实验结果验证

使用本题中的样例数据将图存储为邻接表结构。实验结果验证图的邻接表构造过程,以及使用邻接表获取图的顶点和边的信息,并进行打印,如图 4-21 所示。

```
选择Microsoft Visual Studio 调试控制台
请输入顶点数:
5
请输入边数:
7
请输入每条边:
0 1
1 2
2 3
2 4
3 4
3 1
4 0
图的邻接表结构如下:
0: 4->1
1: 3->2->0
2: 4->3->1
3: 1->4->2
4: 0->3->2

C:\Users\redatom\source\repos\algorithm\Debug\algorithm.exe (进程 17560)已退出, 代码为 0。
按任意键关闭此窗口. . .
```

图 4-21 实验结果截图

**2. 算法复杂度分析**

构造顺序表的时间复杂度为 $O(n)$。输入边的过程中同时构造单链表，输入完成构造也完成，时间复杂度也为 $O(n)$。所以邻接表的构造复杂度为 $O(n)$。

### ◇4.3.7 实验总结

下面对本次实验进行结论陈述。

(1) 邻接表同时记录图的顶点信息和相邻边的信息，相较于邻接矩阵，能更容易地获取边的信息。对于图论中对边的信息需要频繁访问的算法，能够提高算法效率，这正是邻接表存储结构的优势。同时也应该举一反三，在算法中应该灵活巧妙地设计数据结构，使得计算的过程中能更便捷地获取关键信息，合适的数据结构能够极大地提高算法的效率。

(2) 实验中使用了顺序表和链表两种线性表数据结构，复习了链表的插入新结点操作。在实际应用中，基础数据结构通过合理的组合，能够生成具有独特功能的新数据结构。

(3) 复杂度分析：时间复杂度为 $O(n)$。

## 4.4 图的深度优先遍历

### ◇4.4.1 实验目的及要求

(1) 熟悉图的深度优先遍历的算法步骤。

(2) 练习编程实现图的深度优先遍历。

(3) 练习邻接表存储结构在图的算法中的实际应用。

### ◇4.4.2 实验内容

给定一个图，先使用邻接表结构存储，再使用深度优先算法遍历。

输入：顶点数、边数和每条边。

输出：显示图的深度优先遍历结果。

样本输入：

```
请输入顶点数和边数:
5 7
请输入每条边:
0 1
0 3
1 2
1 4
```

```
2 3
3 4
4 0
```

样本输出：

```
生成的邻接表(链表内顺序不唯一)：
vertex: 0: 4→3→1
vertex: 1: 4→2→0
vertex: 2: 3→1
vertex: 3: 4→2→0
vertex: 4: 0→3→1
图的深度优先遍历顺序为：
visit vertex:0
visit vertex:4
visit vertex:3
visit vertex:2
visit vertex:1
```

### ◇4.4.3　实验原理

图的深度优先搜索遍历(Depth First Search，DFS)的基本思想：从图 $G$ 的某个顶点 $V_1$ 出发，访问 $V_1$，然后选择一个与 $V_1$ 相邻且没被访问过的顶点 $V_i$ 访问，再从 $V_i$ 出发选择一个与 $V_i$ 相邻且未被访问的顶点 $V_j$ 进行访问，依次进行。如果当前被访问过的顶点的所有邻接顶点都已被访问，则退回到已被访问的顶点序列中，最后一个其邻接链表中有未被访问的顶点 $W$，从 $W$ 出发按同样的方法向前遍历，直到图中所有顶点都被访问。从操作方法上可以看出，深度优先搜索遍历，总是沿着图的某一深度方向进行遍历，尽可能深地搜索与当前相邻的顶点，如果相邻的顶点都已被访问则回溯到上一层，直至所有顶点都已被访问，如图 4-22 所示。

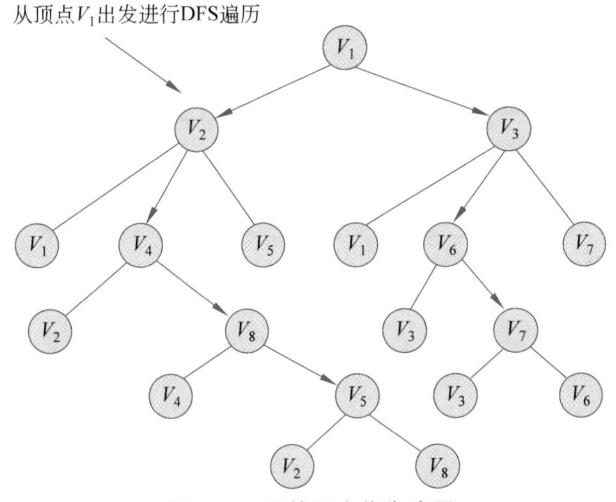


图 4-22　图的深度优先遍历

### ◇4.4.4 实验步骤

图的深度优先遍历搜索算法，开始假设图上所有顶点都未被访问，选择图中任一顶点，开始执行以下操作。

步骤1：访问当前顶点$V$，并将顶点标记为已访问。

步骤2：遍历与顶点$V$相邻的所有顶点$C$，然后对顶点$V$所有尚未被访问的相邻顶点$C$，依次递归地执行步骤1操作。

步骤3：如果当前顶点已经没有未访问的相邻顶点了，则说明该分支搜索结束，沿通路回溯到顶点$V$。

步骤4：此时如果还有相邻顶点没有被访问，则从该顶点继续开始深度优先搜索，直到所有顶点都被访问。

### ◇4.4.5 参考代码

参考代码如下。

```
1. #define _CRT_SECURE_NO_WARNINGS
2. #include <stdio.h>
3. #include <stdlib.h>
4. #include <string.h>
5.
6. #define MaxVertexNum 256
7. typedef char VertexType;                        //顶点类型
8. typedef int EdgeType;                           //边类型
9. struct EdgeNode                                 //邻接链表结点
10. {
11.     int adjvex;                                 //邻接点域
12.     int weight;                                 //边的权值,不是带权图则无需此项
13.     EdgeNode * next;                            //域链,下一个邻接点
14. };
15. struct VertexNode                               //顶点顺序表结点
16. {
17.     VertexType vertex;                          //顶点域
18.     EdgeNode * firstedge;                       //边表头指针
19. };
20. typedef VertexNode AdjList[MaxVertexNum];       //顶点顺序表
21.
22. struct ALGraph                                  //图的邻接表存储结构
23. {
24.     AdjList adjlist;                            //顶点顺序表
25.     int n, e;                                   //图中当前顶点数和边数
26. };
27.
```

```
28.
29. void CreateGraphAL(ALGraph * G);                    //建立图的邻接表
30. void DFSTraverseM(ALGraph * G);                     //深度优先遍历图
31. void DFS(ALGraph * G, int i, bool * visited);
32. void PrintfGraphAL(ALGraph * G);                    //打印图的邻接表
33. void DeleteGraphAL(ALGraph * G);                    //删除图的邻接表
34.
35. int main()                                          //主函数
36. {
37.     ALGraph g;                                      //图的邻接表
38.     g.n = 0;
39.     g.e = 0;
40.     CreateGraphAL(&g);                              //建立图的邻接表
41.     printf("邻接表：\n");
42.     PrintfGraphAL(&g);                              //打印图的邻接表
43.     printf("深度优先遍历：\n");
44.     DFSTraverseM(&g);                               //深度优先遍历图
45.     DeleteGraphAL(&g);                              //删除图的邻接表
46.     printf("\n");
47.     return 0;
48. }
49.
50. void CreateGraphAL(ALGraph * G)                     //建立图的邻接表
51. {
52.     printf("请输入顶点数和边数：\n");
53.     scanf("%d %d", &G->n, &G->e);                   //读入顶点数和边数
54.     for (int i = 0; i < G->n; i++)                  //n个顶点组成顺序表
55.     {
56.         G->adjlist[i].vertex = i;                   //读入顶点信息
57.         G->adjlist[i].firstedge = NULL;             //顶点的邻接链表的头指针
58.     }
59.     printf("请输入每条边：\n");
60.     for (int k = 0; k < G->e; k++)                  //建立边表
61.     {
62.         int i, j;
63.         scanf("%d%d", &i, &j);                      //读入边<vi,vj>的顶点对应序号
64.         EdgeNode * s = (EdgeNode * )malloc(sizeof(EdgeNode));  //生成新边表结点s
65.         s->adjvex = j;                              //邻接点序号为j
66.         s->next = G->adjlist[i].firstedge;          //将新边表结点s插入到顶点vi的
                                                            边表头部
67.         G->adjlist[i].firstedge = s;
68.         s = (EdgeNode * )malloc(sizeof(EdgeNode));
69.         s->adjvex = i;
70.         s->next = G->adjlist[j].firstedge;
71.         G->adjlist[j].firstedge = s;
72.     }
73. }
```

```
74.
75. void DFSTraverseM(ALGraph * G)                  //深度优先遍历图
76. {
77.     bool * visited = new bool[G->n];
78.     int i;
79.     for (i = 0; i < G->n; i++)
80.         visited[i] = false;
81.     for (i = 0; i < G->n; i++)
82.         if(!visited[i])
83.         {
84.             DFS(G, i, visited);
85.         }
86. }
87.
88. void DFS(ALGraph * G, int i, bool * visited)
89. {
90.     //以 vi 为出发点对邻接表表示的图 G 进行深度优先搜索
91.     EdgeNode * p;
92.     //访问顶点 vi
93.     printf("visit vertex:%d\n", G->adjlist[i].vertex);
94.     visited[i] = true;                          //标记 vi 已访问
95.     p = G->adjlist[i].firstedge;                //取 vi 边表的头指针
96.     while (p)
97.     {   //依次搜索 vi 的邻接点 vj,这里 j=p->adjvex
98.         if(!visited[p->adjvex]) {               //若 vi 尚未被访问
99.                 DFS(G, p->adjvex, visited);   //则以 vj 为出发点向纵深搜索
100.         }
101.         p = p->next;                            //找 vi 的下一邻接点
102.     }
103. }
104. void PrintfGraphAL(ALGraph * G)                 //打印图的邻接表
105. {
106.     for (int i = 0; i < G->n; i++)
107.     {
108.         printf("vertex: %d: ", G->adjlist[i].vertex);
109.         EdgeNode * p = G->adjlist[i].firstedge;
110.         if(p) {
111.             printf("%d", p->adjvex);
112.             p = p->next;
113.         }
114.         while (p)
115.         {
116.             printf("→%d", p->adjvex);
117.             p = p->next;
118.         }
```

```
119.        printf("\n");
120.    }
121. }
122.
123. void DeleteGraphAL(ALGraph * G)        //删除图的邻接表
124. {
125.    for (int i = 0; i < G->n; i++)
126.    {
127.        EdgeNode * q;
128.        EdgeNode * p = G->adjlist[i].firstedge;
129.        while (p)
130.        {
131.            q = p;
132.            p = p->next;
133.            delete q;
134.        }
135.        G->adjlist[i].firstedge = NULL;
136.    }
137. }
```

## ◇4.4.6 实验结果

下面给出程序运行结果。

使用本节题目中的样例数据将图先存储为邻接表结构，并打印检查邻接表的正确性，再使用图的深度优先遍历算法，根据邻接表对图进行遍历，并打印深度优先遍历的结果，如图 4-23 所示。

```
选择Microsoft Visual Studio 调试控制台
请输入顶点数和边数:
5 7
请输入每条边:
0 1
0 3
1 2
1 4
2 3
3 4
4 0
邻接表:
vertex: 0: 4→3→1
vertex: 1: 4→2→0
vertex: 2: 3→1
vertex: 3: 4→2→0
vertex: 4: 0→3→1
深度优先遍历:
visit vertex:0
visit vertex:4
visit vertex:3
visit vertex:2
visit vertex:1

C:\Users\redatom\source\repos\algorithm\Debug\algorithm.exe (进程 7304)已退出, 代码为 0。
按任意键关闭此窗口. . .
```

图 4-23 实验结果截图

### ◇4.4.7 实验总结

下面对本次实验进行结论陈述。

(1) 图的深度优先遍历算法是沿着某一深度方向,尽可能深(距离开始结点远)地查找结点。在遍历的过程中如果达到某个深度不能继续,则会退回到最近的可以继续深度遍历的点,继续算法。

(2) 图的深度优先遍历算法中使用了递归函数,且示例代码中将各个功能模块都用一个函数来封装,练习了函数和递归函数的使用。

(3) 实验中可以发现,在邻接表存储结构的基础上使用深度优先搜索,直接操作邻接链表即可获取下一个结点,试想如果使用二维数组的邻接矩阵存储图,此步骤将会复杂许多。本实验练习了邻接表存储结构在图算法中的实际应用,同时进一步思考合适的数据结构对于算法的重要性。

## 4.5 图的最短路径算法

### ◇4.5.1 实验目的及要求

(1) 熟悉图的最短路径(Dijkstra)算法的步骤。

(2) 练习编程实现图的最短路径算法。

(3) 进一步熟悉图数据结构的存储与编程中的使用方法。

(4) 思考图的最短路径算法的应用场景。

### ◇4.5.2 实验内容

给出一个有向图,先将图按照邻接表存储,再使用 Dijkstra 算法编程求解图的最短路径问题。

样例数据如图 4-24 所示。

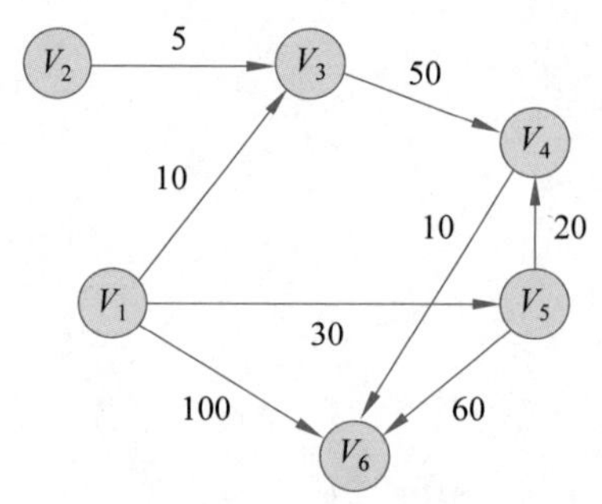


图 4-24 有向图待求解最短路径

输入:顶点数、边数,以及每条有向边(弧)的起始点和权重。

输出：顶点 $v_1$ 到其他顶点的最短路径长度。

样本输入：

```
请输入顶点数和弧数：
6 8
请输入各个弧(起点终点权重)：
1 3 10
1 5 30
1 6 100
2 3 5
3 4 50
4 6 10
5 6 60
5 4 20
```

样本输出：

```
邻接表：
V1 ->6 ->5 ->3
V2 ->3
V3 ->4
V4 ->6
V5 ->4 ->6
V6
最短路径：
V1 到 V1 不存在最短路径
V1 到 V2 不存在最短路径
V1 到 V3 的最短路径是 10
V1 到 V4 的最短路径是 50
V1 到 V5 的最短路径是 30
V1 到 V6 的最短路径是 60
```

### ◇4.5.3　实验原理

求图的最短路径采用 Dijkstra 算法，其基本思想如下。

先将图的顶点分为两个集合，一个为已求出最短路径的终点集合(开始只有原点 $V_1$ 一个元素)，另一个为还未求出最短路径的顶点集合(开始为除 $V_1$ 外的全部结点)。然后按最短路径长度的递增顺序逐个将第二个集合的顶点加到第一组中，直到所有顶点都加入了第一个集合，则算法结束，已求得了 $V_1$ 到每个点的最短路径。

如图 4-25 所示为算法开始时的初始状态，$S$ 集合只有源点，$U$ 集合包含剩余的点。dist 二维数组的第一行表示 0 到 $i$ 的距离，当前邻接的距离直接标记为边的权值，否则为∞。结点 1 和结点 6 与源点 0 相邻，(2,0)表示(距离，前项结点号)。则根据 Dijkstra 算法，在与集合 $S$ 相邻的所有结点中选择距离最短的点，此例为 1 号结点的(2,0)。所以下一步应将 1 号结点加入 S 集合。

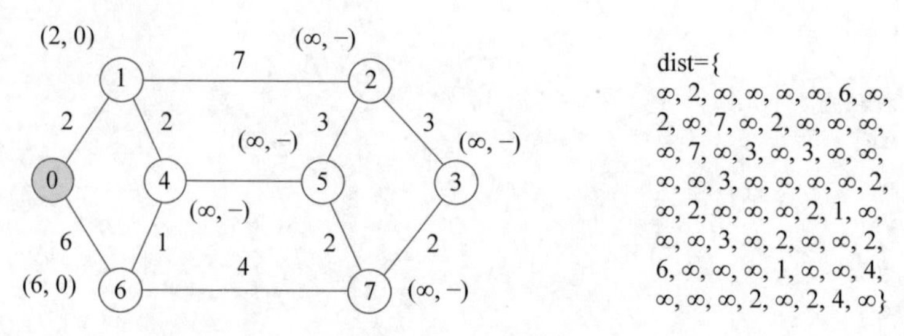


$S$={0}, $U$={1, 2, 3, 4, 5, 6, 7}

**图 4-25　最短路径算法初始状态**

1 号结点加入 S 后，将 1 号作为中间结点（可以路过），更新其他结点与源点的距离，此时结点 2、4 的（∞，—）被更新为（9，1）和（4，1），代表可以通过 1 号结点中转到达，其距离从∞更新为对应值，如图 4-26 所示。

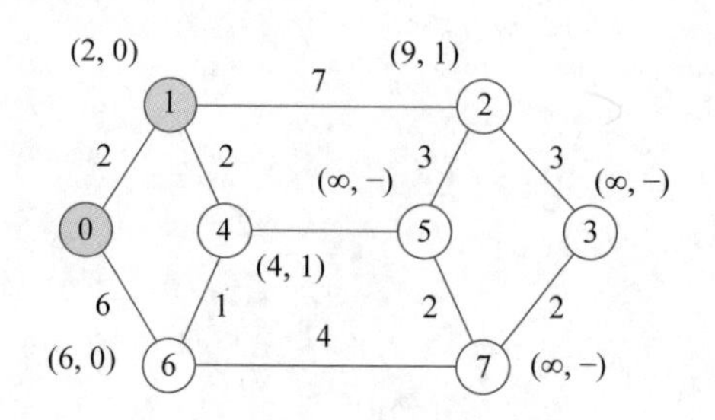


$S$={0, 1}, $U$={2, 3, 4, 5, 6, 7}

**图 4-26　最短路径算法加入 1 号结点后状态**

此时再根据 Dijkstra 算法，在与集合 S 相邻的所有结点中选择距离最短的点，此时有 2，4，6 号结点备选，最短距离是 4 号结点的（4，1）距离为 4。所以下一步应将 4 号结点加入 S 集合，并更新剩余结点的距离数据，如图 4-27 所示。之后重复此算法。

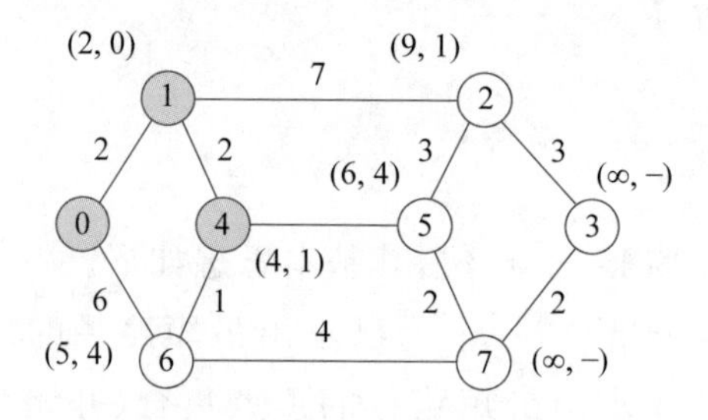


$S$={0, 1, 4}, $T$={2, 3, 5, 6, 7}

**图 4-27　最短路径算法加入 4 号结点后状态**

更详细的 Dijkstra 算法描述请复习配套教材和课件中的对应章节，此处不再赘述。

### ◇4.5.4　实验步骤

**步骤 1**：初始时，设源点为 $V$，则 S 只包含源点，即 $S=\{V\}$。$U$ 包含除 $V$ 外的其他顶点，即 $U$＝{其余顶点}，若 $V$ 与 $U$ 中顶点 $u$ 有边，则{$u$，$V$}有权值即此边的权值，若 $u$ 不是 $V$ 的出边邻接点，则{$u$，$V$}权值为∞。

步骤 2：从 $U$ 中选取一个距离 $V$ 最小的顶点 $k$，把 $k$ 加入 $S$ 中(该选定的距离就是 $V$ 到 $k$ 的最短路径长度)。

步骤 3：以 $k$ 为新考虑的中间点，修改 $U$ 中各顶点的距离；若从源点 $V$ 到顶点 $u$ 的距离(经过顶点 $k$)比原来距离(不经过顶点 $k$)短，则修改顶点 $u$ 的距离值，修改后的距离值是顶点 $k$ 到源点距离加 $k$ 到 $u$ 的边的权值。

步骤 4：重复步骤 2 和 3 直到所有顶点都包含在 $S$ 中。

步骤 5：打印 $V_1$ 到其余点的所有最短路径长度。

算法中使用了 dist 数组，dist[$i$]表示目前已经找到 $V_1$ 到 $V_i$ 的当前最短路径，否则为 MAX。

### ◇4.5.5　参考代码

参考代码如下。

```
1. #define _CRT_SECURE_NO_WARNINGS
2.
3. #include<stdio.h>
4. #include <stdlib.h>
5. #include <string.h>
6.
7. #define N 20                          //图的最大顶点数
8. #define MAX 1000
9. #define MIN -1
10.
11. typedef int ElemType;                //图的顶点类型
12.
13. struct ArcNode                       //图的结点
14. {
15.     ElemType adjvex;                 //图的顶点(该弧指向顶点的位置)
16.     struct ArcNode * nextarc;        //指向下一条弧的指针
17.     int info;                        //该弧权值
18. };
19.
20. struct VertexNode                    //表头结点
21. {
22.     ElemType data;
23.     struct ArcNode * firstarc;
24. };
25.
26. struct AdjList                       //图的邻接表
```

```
27. {
28.     struct VertexNode vertex[N];                    //图的顶点数组
29.     int vexnum;                                     //图的顶点数
30.     int arcnum;                                     //弧数
31.     int kind;                                       //图的种类(kind=1 为有向图)
32.     int dist[N];                                    //图的路径长度
33.     int path[N];                                    //辅助数组
34. };
35.
36. typedef struct Side                                 //弧
37. {
38.     int i;                                          //起始顶点
39.     int j;                                          //终止顶点
40.     int f;                                          //权值
41. };
42.
43. int CreateDAG(AdjList * L);                         //建立图的邻接表
44. void PrintALGraph(AdjList * L);                     //输出图的邻接表
45. void Dijkstra(AdjList * L);                         //使用 Dijkstra 算法求图的最短路径
46.
47. int main()                                          //主函数
48. {
49.     AdjList * L = (AdjList * )malloc(sizeof(AdjList));
50.     if(CreateDAG(L) == 1) {                         //建立图的邻接表
51.         printf("邻接表:\n");
52.         PrintALGraph(L);                            //输出图的邻接表
53.         Dijkstra(L);                                //求图的最短路径并显示
54.     }
55.     else {
56.         printf("创建失败\n");
57.     }
58. }
59.
60. int CreateDAG(AdjList * L)                          //建立图的邻接表
61. {
62.     int i, j;
63.     ArcNode * p = NULL;
64.     Side S[N];
65.     int n, e;
66.     printf("请输入顶点数和弧数:\n");
67.     scanf("%d%d", &n, &e);
68.     printf("请输入各个弧:\n");
69.     for (i = 0; i < e; i++) {
70.         scanf("%d%d%d", &S[i].i, &S[i].j, &S[i].f);
71.     }
```

```
72.
73.    for (i = 1; i <= n; i++) {
74.        L->vertex[i].data = i;
75.        L->dist[i] = MAX;                    //设为最大值,表示不可达
76.        L->path[i] = MIN;                    //设为最小值,表示尚未初始化
77.        L->vertex[i].firstarc = NULL;
78.    }
79.    L->kind = 1;
80.    L->vexnum = n;
81.    L->arcnum = e;
82.    for (i = 0; i < e; i++) {
83.        p = (ArcNode * )malloc(sizeof(ArcNode));        //动态内存分配
84.        p->adjvex = S[i].j;
85.        p->info = S[i].f;
86.        p->nextarc = L->vertex[(S[i].i)].firstarc;
87.        L->vertex[(S[i].i)].firstarc = p;
88.        if(S[i].i == 1) {                    //初始顶点为 1
89.            L->dist[(S[i].j)] = S[i].f;
90.        }
91.    }
92.    return 1;
93. }
94.
95.
96. void PrintALGraph(AdjList * L)              //输出图的邻接表
97. {
98.    ArcNode * p = NULL;
99.    int i, k = 0;
100.   for (i = 1; i <= L->vexnum; i++) {
101.       k = L->vertex[i].data;
102.       printf("V%d", k);
103.       p = L->vertex[k].firstarc;
104.       while (p != NULL) {
105.               printf(" ->%d", p->adjvex);
106.               p = p->nextarc;
107.       }
108.       printf("\n");
109.   }
110. }
111.
112. //对以下程序的循环、分支等语句给出注释
113. void Dijkstra(AdjList * L)                  //使用 Dijkstra 算法求图的最短路径
114. {
115.    int i = 1, j, k = 0;
116.    Side s;
```

```
117.    L->path[1] = 0;
118.    ArcNode * p = NULL;
119.    while (k < 10) {                                    //最多处理 10 个点的图
120.        s.f = MAX;
121.        for (i = 1; i <= L->vexnum; i++) {      //所有点循环
122.            if(L->path[i] != MIN) {                 //仅考虑已经发现最短路的点 i
123.                    p = L->vertex[i].firstarc;  //取点 i 首个邻接点
124.                    if(p != NULL) {
125.                        //在所有已经发现最短路的点 i 的未找到最短路的邻接点中,
126.                        //取 s 为其中路径最短的点
127.                        while (p != NULL) {
128.                            if(s.f > p->info && L->path[(p->adjvex)] == MIN) {
129.                                s.f = p->info;
130.                                s.i = i;
131.                                s.j = p->adjvex;
132.                            }
133.                            p = p->nextarc;       //取点 i 后一个邻接点
134.                        }
135.                    }
136.            }
137.        }
138.      if(s.f == MAX) {
139. 
140.      }
141.      else if(L->dist[(s.j)] > L->dist[(s.i)] + s.f) {
142.            //用经过 i 的更优路线代替到达 j 的路线
143.            L->dist[(s.j)] = L->dist[(s.i)] + s.f;
144.            L->path[(s.j)] = L->dist[(s.j)];
145.        }
146.        else {
147.            L->path[(s.j)] = L->dist[(s.j)];
148.        }
149.        k++;
150.    }
151.    //输出
152.    printf("输出最短路径:\n");
153.    for (i = 1; i <= L->vexnum; i++) {
154.        if(L->dist[i] == 1000 || i == 1) {
155.            printf("v1 到 v%d 不存在最短路径\n", i);
156.        }
157.        else {
158.            printf("v1 到 v%d 的最短路径是%d\n", i, L->dist[i]);
159.        }
160.    }
161. }
```

## ◇4.5.6 实验结果

（1）写出算法实现代码并给出程序运行结果。

（2）思考如何得到完整路径并打印出来。

**1. 实验结果验证**

使用本节题目中的样例数据将图先存储为邻接表结构，并打印检查邻接表的正确性，再应用 Dijkstra 算法求解 $V_1$ 到其余顶点的最短路径长度，如图 4-28 所示。

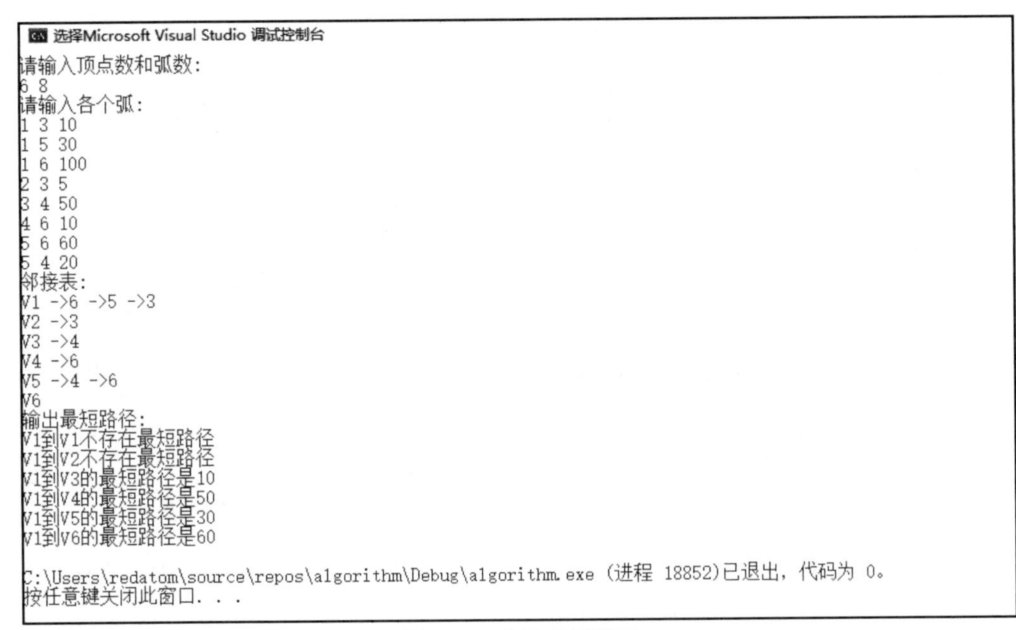


图 4-28 实验结果截图

**2. 思考**

获取最短路径长度后，尝试能否将源点到某结点的路径打印出来，即最短路径上依次经过的点。

## ◇4.5.7 实验总结

下面对本次实验进行结论陈述。

（1）图的最短路径算法是图论中重要的算法，也是现实生活中应用较为广泛的算法，如导航、需要寻路的游戏等应用场景。编程实现此算法有一定的难度，需要多加练习和调试。

（2）图的最短路径算法中依然使用邻接表作为基础的数据结构，可以观察算法中获取点和边的信息时，邻接表存储结构所带来的便利。

进一步练习函数、结构体、指针、链表等编程基础内容。尝试较复杂的算法编程，并总结和提高将文字描述的算法通过编程实现的技巧和方法。

# 第5章

# 贪心算法

## 5.1 找零问题

### ◇5.1.1 实验目的及要求

(1) 理解贪心算法求解问题的思路。

(2) 练习编程实现贪心算法解决找零问题。

(3) 思考什么问题可以考虑使用贪心算法。

### ◇5.1.2 实验内容

试编程使用贪心算法求解找零钱问题。

设有50,20,10,5,1,0.5,0.1等面额的零钱,顾客购物花费$n$元,该顾客只有整数张100元,在支付$(n/100+1)\times 100$元后(恰好是$>n$的最小的100倍数),收银员应如何找零,才能使找回的钱的张数最少?

输入:$n$,表示顾客购物花费,最多包含一位小数。

输出:找零钱的各面额所对应张数。

样本输入1:

```
67.5
```

样本输出:

```
0 1 1 0 2 1 0
```

样本输入2:

```
243
```

样本输出:

```
1 0 0 1 2 0 0
```

### ◇5.1.3　实验原理

贪心算法是指在对问题求解时，总是做出在当前看来最好的选择。不从整体最优上加以考虑，所做出的仅仅是在某种意义上的局部最优解，所以贪心算法不是对所有问题都能得到整体最优解。关键是贪心策略的选择，选择的贪心策略必须具备无后效性，即某个状态以前的过程不会影响以后的状态，只与当前状态有关。

贪心算法分析问题的思路分为以下几步。

（1）将问题分解为若干个子问题。

（2）找出适合的贪心策略。

（3）求解每一个子问题的最优解。

（4）将局部最优解堆叠成全局最优解。

对于此题，在金额一定的情况下，想要找零钱的张数最少，需要面额尽可能大。所以如果一张一张地找零钱，每次都选择小于剩余钱数的最大面额，就能保证总张数最小。

找零钱的贪心算法例解：如果花费 1 元，总共需要找 99 元。50＜99，所以首先考虑找 50 元的，能找 99/50＝1 张；然后第二大面额 20 元，能找 49/20＝2 张；剩下 9 元，小于 9 的最大面额，10 元不符合，那么就考虑 5 元，以此类推。每次考虑当前看起来最优的选择，也就是找当前所能找的最大面额。

### ◇5.1.4　实验步骤

结合例解的步骤，试着应用贪心算法的思路编程实现找零问题算法。

（1）设置可找零的面额数组，并从大到小排序；设置结果数组记录对应的面额需要找几张。

（2）计算需要找零的总额。

（3）从最大面额开始，依次判断每种面额需要的数量。

（4）打印结果数组中的值。

### ◇5.1.5　参考代码

参考代码如下。

```
1. #include <iostream>
2. using namespace std;
3. //零钱面额的种类数
4. #define N 7
5. int main()
6. {
7. double m[N] = { 50, 20, 10, 5, 1, 0.5, 0.1 };          //定义每种零钱的面额
```

```
8. int result[N] = { 0, 0, 0, 0, 0, 0, 0 };    //保存每种零钱个数的结果,注意应该是整数
9.
10. double n;                                  //输入顾客的花费 n 元,最多一位小数
11. cin >> n;
12. //根据题目,顾客实际支付(n / 100 + 1) * 100 元,注意应该是整数张 100 元
13. int num = (int(n / 100) + 1) * 100;
14. double change = num - n;                   //应找的金额
15.
16. //贪心算法开始
17. for (int i = 0; i < N; i++)
18. {
19. result[i] = change / m[i];                 //从大面额开始,贪心算法取最多的数量
20. change = change - result[i] * m[i];        //计算剩余未找的钱
21. }
22.
23. //打印结果
24. for (int i = 0; i < N; i++)
25. {
26. cout << result[i] << " ";
27. }
28. cout << endl;
29. }
```

## ◇5.1.6 实验结果

(1) 实验结果验证如图 5-1 所示。

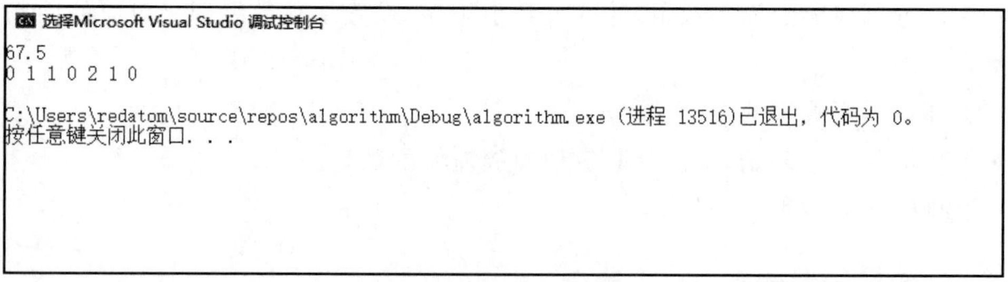

```
选择Microsoft Visual Studio 调试控制台
67.5
0 1 1 0 2 1 0

C:\Users\redatom\source\repos\algorithm\Debug\algorithm.exe (进程 13516)已退出, 代码为 0。
按任意键关闭此窗口. . .
```

图 5-1 实验结果截图

(2) 算法复杂度分析。

找零数额一定小于 100,且只需要按照面额循环一次就可以得到结果,而面额数是一个常数,所以时间复杂度为 $O(1)$。

## ◇5.1.7 实验总结

下面对本次实验进行结论陈述。

(1) 总结和学习贪心算法的解题思路,以及贪心算法分析问题的几个步骤。

（2）思考什么问题可以考虑用贪心算法。

（3）思考贪心算法为什么不一定能获得最优解。

# 5.2 活动安排问题

## ◇5.2.1 实验目的及要求

（1）结合一些现实生活中的问题，进一步理解贪心算法求解问题的思路。

（2）练习编程实现贪心算法解决活动安排问题。

## ◇5.2.2 实验内容

试编程使用贪心算法求解会场活动安排问题。

假设要在某一会场安排一批活动，并希望在不发生冲突的情况下，安排尽可能多的活动，同一时间最多安排一个活动。设计一个有效的算法判断最多能安排的活动数量。如果上一个活动在 $t$ 时间结束，下一个活动最早应该在 $t+1$ 时间开始。

输入：每组测试数据的第一行是一个整数 $n(1<n<10\ 000)$，表示该测试数据共有 $n$ 个活动。随后的 $n$ 行，每行有两个正整数 $B_i,E_i(0\leqslant B_i,E_i<10\ 000)$，分别表示第 $i$ 个活动的起始与结束时间($B_i\leqslant E_i$)。

输出：对于每一组输入，输出最多能够安排的活动数量。

样例输入：

```
输入活动数量:
3
输入每个活动的开始时间和结束时间:
1 10
10 11
11 20
```

样例输出：

```
2
```

## ◇5.2.3 实验原理

首先分析此问题的目标，不考虑活动的质量，只期望尽可能多地安排活动数量，而需要有更多的可用时间才能安排更多活动。对于期望某种结果尽可能多或少的问题，可以考虑使用贪心算法。分析此问题，试设想如果某活动安排后能剩余尽可能多的时间留给其他活动，则对活动数量最大化更加有利。对于此设想，反过来用贪心算法的思路验证，每次选择活动使得总活动数加 1，同时剩余的时间尽可能多，再做当前状态下的最优选择。

其次注意题目中有一个限制条件,活动不能冲突,即 $B_i+1>E_i$(下一活动开始时间>上一活动的结束时间),可以称作相容性,满足相容性的活动才能继续安排,否则应淘汰,检查下一个活动。

根据以上两点,只要将所有活动按照结束时间排序,从第一个活动开始,依次检查相容性,相容的活动保留,最后将获得可以安排的活动最大数量。

### ◇5.2.4 实验步骤

结合上述思路,应用贪心算法解决活动安排问题的步骤如下。

(1) 定义一个结构体 Node 存储所需要计算的活动的相关时间,其中,begin 是开始时间值,end 是结束时间值。

(2) 对所有的活动按结束时间排序。

(3) 该算法应用贪心策略做选择的意义是,使剩余的可安排时间段极大化,以便安排尽可能多的相容活动。依次取出已排序的数据,第一个数据直接选用,从第二个开始判断相容性,即 $B_i+1>E_i$ 则活动数量 Count++,否则舍弃此活动,继续循环判断下一个活动。

根据此步骤,试使用贪心算法完成对活动安排问题的编码。

### ◇5.2.5 参考代码

参考代码如下。

```
1. #define _CRT_SECURE_NO_WARNINGS
2. #include <stdio.h>
3. #include <stdlib.h>
4. #include <string.h>
5.
6. struct Note                                                    //活动
7. {
8. int begin;                                                     //开始时间
9. int end;                                                       //结束时间
10. };
11.
12. void quicksort(int left, int right, struct Note q[]); //快速排序法
13. int activity_selector(int t, struct Note q[]);        //计算可以安排的活动数量
14.
15. int main()                                                     //主函数
16. {
17. int result, i;
```

```
18. int t;
19. printf("输入活动数量:\n");
20. scanf("%d", &t);
21. struct Note q[100];
22. printf("输入每个活动的开始时间和结束时间:\n");
23. for (i = 1; i <= t; i++)
24. {
25. scanf("%d%d", &q[i].begin, &q[i].end);
26. }
27. quicksort(1, t, q);                          //排序
28. result = activity_selector(t, q);    //贪心算法求解
29. printf("%d\n", result);
30. return 0;
31. }
32.
33. //快速排序算法
34. void quicksort(int left, int right, struct Note q[])
35. {
36. int temp = q[left].end;
37. int temp1 = q[left].begin;
38. int i, j, t, f;
39. i = left;
40. j = right;
41. if(right < left)
42. {
43. return;
44. }
45. while (i != j)
46. {
47. while (i < j && q[j].end >= temp)
48. {
49. j--;
50. }
51. while (i < j && q[i].end <= temp)
52. {
53. i++;
54. }
55. if(i < j)
56. {
57. t = q[i].end;
58. q[i].end = q[j].end;
59. q[j].end = t;
60. f = q[i].begin;
61. q[i].begin = q[j].begin;
```

```
62. q[j].begin = f;
63. }
64. }
65. q[left].end = q[i].end;
66. q[i].end = temp;
67. q[left].begin = q[i].begin;
68. q[i].begin = temp1;
69. quicksort(left, i - 1, q);
70. quicksort(i + 1, right, q);
71. }
72.
73. //计算可以安排的活动数量
74. int activity_selector(int t, struct Note q[])
75. {
76. int count = 1, i = 1;
77. int j;
78. for (j = 2; j <= t; j++)
79. {
80. if(q[j].begin > q[i].end)
81. {
82. i = j;              //更新最后一个已安排的活动
83. count++;
84. }
85. }
86. return count;
87. }
```

## ◇5.2.6 实验结果

(1) 实验结果验证如图 5-2 所示。

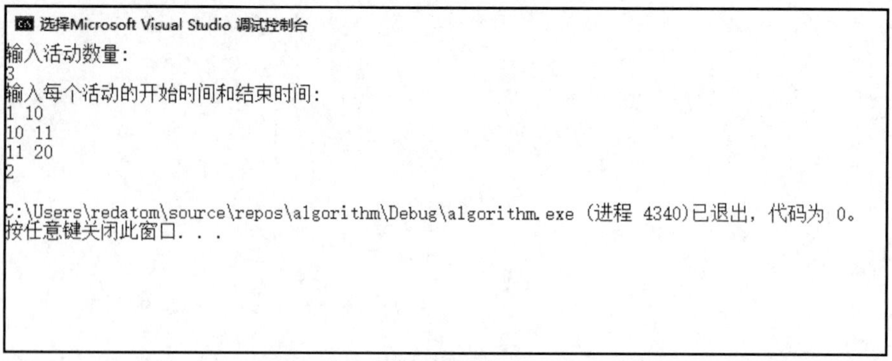

```
选择Microsoft Visual Studio 调试控制台
输入活动数量:
3
输入每个活动的开始时间和结束时间:
1 10
10 11
11 20
2

C:\Users\redatom\source\repos\algorithm\Debug\algorithm.exe (进程 4340)已退出，代码为 0。
按任意键关闭此窗口. . .
```

图 5-2 实验结果截图

(2) 算法复杂度分析。

抛开排序算法，只关注贪心算法选择活动的过程，只使用了一层循环，且算法复杂

度与活动规模 $n$ 相关，所以活动选择部分的时间复杂度为 $O(n)$。加上排序使用的快速排序算法，总体时间复杂度为 $O(n\log n)$。

### ◇5.2.7 实验总结

下面对本次实验进行结论陈述。

（1）总结和学习贪心算法的解题思路，对期望获得最大或最小值的问题，可尝试用贪心算法的思路做假设分析。

（2）复习了排序算法，参考代码使用了快速排序。

## 5.3 普通背包问题

### ◇5.3.1 实验目的及要求

（1）使用贪心算法解决具有多个互相关联条件的问题。

（2）练习编程实现贪心算法解决普通背包问题。

### ◇5.3.2 实验内容

试编程使用贪心算法求解普通背包问题。

给定 $n$ 种物品和一个背包。物品 $i$ 的重量是 $W_i$，其价值为 $V_i$，背包的容量为 $W$。应如何选择物品装入背包，使得装入背包中的物品的总价值最大？本题是普通背包问题，简化于0-1背包问题。区别是普通背包问题允许物品切割，即可以放入某物体的一部分。

有如下样例数据：假设有三种物品，代号分别为1,2,3，其重量分别为20kg,30kg,60kg，对应的价值分别是40kg,90kg,240kg，背包容量为90kg。

输入：物品个数、各物品的价值和重量。

输出：物品建议取法（因为可以取部分物品，所以应使用浮点数）。

样例输入：

```
请输入物品个数：
3
请输入各物品的价值：
40 90 240
请输入各物品的重量：
20 30 60
```

样例输出：

```
物品建议取法：
0.000   1.000   1.000
```

### ◇5.3.3 实验原理

首先分析题目中需要计算的属性参数和限制条件，共有两个属性参数，一个是重量维度，另一个是价值维度。重量维度上有一个限制条件，即背包的总重量，物品的重量和必须小于 $W$，满足此限制的同时在价值维度上，期望得到最大值。每个物品的价值不同，重量也不同，但两个属性具有关系，可以求得单位重量下的价值，即通常所讲的“性价比”。

物品 1 每千克价值 40/20＝2。

物品 2 每千克价值 90/30＝3。

物品 3 每千克价值 240/60＝4。

对于期望获取最大值的问题，尝试用贪心算法分析：要使装入的物品总价值最大，应将性价比更高的物品先放入，因为普通背包问题可以放入物品的一部分，所以尽可能多地放入物品直到将背包装满为止。

对于样例数据先装物品 3，把 60kg 物品全部装进背包，还剩 30kg 物品，把 30kg 的物品 2 全部装入，此时包的容量正好装满，且背包中的物品的总价值为 240＋90＝330。

可尝试用反证法验证此方法，假设使总价值最大的选取不包括性价比最高的物品，则有操作如下：去掉其中一部分物品，换成性价比更高的物品，就得到了价值更高的选择，与假设的总价值最大产生矛盾，所以假设不成立。得到结论：总价值最大的选择一定包含性价比最高的物品。

从贪心算法的角度再次验证，每次选择都挑选当前最值得装入背包的物品，即性价比最高的物品，做当前状态下最优的选择。所以编程中需要计算每种物品的性价比，并进行排序。

### ◇5.3.4 实验步骤

结合上述思路，应用贪心算法解决普通背包问题的步骤如下。

(1) 计算每种物品单位重量的价值 $V_i/W_i$。

(2) 单位重量价值高的优先选择，即按照性价比从大到小排序。

(3) 根据贪心算法的思想，按照排序从最高性价比的物品开始，将尽可能多的物品装入背包。若将这种物品全部装入背包后，背包内的物品总重量未达到 $W$，则按照排序选择下一个次高性价比的物品，并尽可能多地装入背包。依此策略一直进行下去，直到达到背包的重量限制 $W$。编程中应注意第一个物品也可能无法完全装入背包，需要注意重量维度的限制条件。

根据此编程思路，试着使用贪心算法完成对背包问题的编程。

### ◇5.3.5 参考代码

参考代码如下。

```
1. #define _CRT_SECURE_NO_WARNINGS
2.
3. #include <stdio.h>
4. #include <stdlib.h>
5. #include <string.h>
6.
7. #define MAXSIZE 100                                                   //物品最大数
8. #define M 90                                                          //背包的容量
9.
10. void getData(float djz[], float dzw[], int* n);                      //输入
11. void sort(float tempArray[], int sortResult[], int n);               //排序算法
12. void greedy(float dzw[], float x[], int sortResult[], int n);        //贪心算法
13. void output(float x[], int n);                                       //输出
14.
15. int main()                                                           //主函数
16. {
17. float djz[MAXSIZE], dzw[MAXSIZE], x[MAXSIZE];    //物品价值、重量和性价比
18.
19. int i = 0, n = 0;
20. int sortResult[MAXSIZE];                         //待排序后输出的排序结果
21. getData(djz, dzw, &n);                           //输入
22. for (i = 0; i < n; i++)
23. {
24. x[i] = djz[i] / dzw[i];
25. }
26. sort(x, sortResult, n);                          //排序算法
27. greedy(dzw, x, sortResult, n);                   //贪心算法
28. output(x, n);                                    //输出
29. return 0;
30. }
31.
32. //输入(参数为各物品的价值、重量以及物品个数)
33. void getData(float djz[], float dzw[], int* n)
34. {
35. int i = 0;
36. printf("请输入物品个数: \n");
37. scanf("%d", n);
38. printf("请输入各物品的价值 :\n");
39. for (i = 0; i < (*n); i++)
40. {
41. scanf("%f", &djz[i]);
42. }
43. printf("请输入各物品的重量 :\n");
44. for (i = 0; i < (*n); i++)
45. {
```

```
46. scanf("%f", &dzw[i]);           //输入各物品的各个总重量
47. }
48. }
49.
50. //排序(参数为各物品的性价比、待输出的排序结果以及物品个数)
51. //此排序是针对物品的下标排序
52. void sort(float x[], int sortResult[], int n)
53. {
54. int i = 0, j = 0;
55. int index = 0, k = 0;
56. for (i = 0; i < n; i++)           //结果数组赋初值 0
57. {
58. sortResult[i] = 0;
59. }
60. for (i = 0; i < n; i++)
61. {
62. float temp = x[i];
63. index = i;
64. //找到性价比最大的物品并保存其下标
65. for (j = 0; j < n; j++)
66. {
67. if((temp < x[j]) && (sortResult[j] == 0))
68. {
69. temp = x[j];
70. index = j;
71. }
72. }
73. if(sortResult[index] == 0)
74. {
75. sortResult[index] = ++k;
76. }
77. }
78. //修改效益最低的 sortResult[i]标记
79. for (i = 0; i < n; i++)
80. {
81. if(sortResult[i] == 0)
82. {
83. sortResult[i] = ++k;
84. }
85. }
86. }
87.
88. //贪心算法(参数为各物品的重量、性价比、排序结果以及物品个数)
89.
```

```
90. void greedy(float dzw[], float x[], int sortResult[], int n)      //贪心算法
91.
92. {
93. float BCaption = M;
94. int i = 0;
95. int temp = 0;
96. for (i = 0; i < n; i++)           //准备输出结果
97. {
98. x[i] = 0;
99. }
100. for (i = 0; i < n; i++)
101. {
102. temp = sortResult[i] - 1;      //得到取物品的顺序
103. if(dzw[temp] > BCaption)
104. {
105. break;
106. }
107. x[temp] = 1;                   //若合适则取出
108. BCaption -= dzw[temp];         //背包容量改变
109. }
110. if(i <= n)                     //使背包充满
111. {
112. x[temp] = BCaption / dzw[temp];
113. }
114. }
115.
116. //输出(参数为各物品的单价以及物品个数)
117. void output(float x[], int n)
118. {
119. int i;
120. printf("\n 物品建议取法:\n");
121. printf("\n");
122. for (i = 0; i < n; i++)
123. {
124. printf("%2.3f\t", x[i]);
125. }
126. printf("\n");
127. }
```

### ◇5.3.6 实验结果

(1) 实验结果验证如图 5-3 所示。

(2) 算法复杂度分析。

本题只关注贪心算法部分,即参考代码 greedy()函数的时间复杂度。算法的规模

```
选择Microsoft Visual Studio 调试控制台
请输入物品个数:
3
请输入各物品的价值 :
40 90 240
请输入各物品的重量 :
20 30 60

物品建议取法:

0.000   1.000   1.000

C:\Users\redatom\source\repos\algorithm\Debug\algorithm.exe (进程 10588)已退出，代码为 0。
按任意键关闭此窗口. . .
```

图 5-3　实验结果截图

与物品数量 $n$ 和背包总容量 $W$ 都有关，分析可知，两个参数为取小值关系，即 $n$ 和 $W$ 较小的值会使得程序提前退出。且代码中只使用了一层循环，所以时间复杂度为 $O(n)$。

### ◇5.3.7　实验总结

下面对本次实验进行结论陈述。

(1) 总结和学习贪心算法解决多种参数互相作用时的思路。

(2) 思考贪心算法解决普通背包问题和动态规划法解决 0-1 背包问题的区别。

## 5.4　马踏棋盘问题

### ◇5.4.1　实验目的及要求

(1) 对于较复杂的问题，结合其他算法，在局部使用贪心算法提高效率。

(2) 练习编程实现使用贪心算法优化马踏棋盘问题的算法效率。

(3) 总结并思考在较复杂的问题中，配合其他算法，灵活运用贪心算法，在局部进行策略优化。

### ◇5.4.2　实验内容

编程解决马踏棋盘问题，分为两个步骤，先使用深度优先搜索算法求解，再在算法局部加入贪心算法，优化选择下一跳的策略，提高算法效率。

**1. 马踏棋盘问题描述**

马踏棋盘问题，又称骑士周游问题。国际象棋棋盘是 8×8 的方格，现将“马”放在任意指定的方格中，按照走棋规则移动该棋子。要求每个方格只能进入一次，最终走遍棋盘 64 个方格。

棋盘可用一个矩阵表示，当“马”位于棋盘上某一位置时，它就有一个唯一的坐标。

根据规则，如果当前坐标是$(x,y)$，那么它的下一跳可能有 8 个位置，分别是$(x+2,y-1)$、$(x+2,y+1)$、$(x+1,y+2)$、$(x-1,y+2)$、$(x-2,y+1)$、$(x-2,y-1)$、$(x-1,y-2)$、$(x+1,y-2)$，如图 5-4 所示。当然坐标不能出界。

马最初的位置标为 1，它的下一跳的位置标为 2，再下一跳的位置标为 3，以此类推，如果马走完棋盘，那么最后在棋盘上标的位置是 64，如图 5-5 所示。要求编程解决马踏棋盘问题，最后输出一个 8×8 的矩阵，并用数字 1～64 来标注“马”的移动。

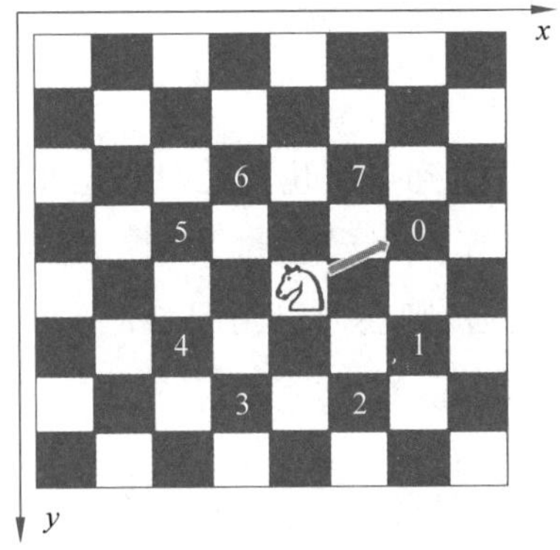


图 5-4 下一跳可能位置

| | | | | | | | |
|---|---|---|---|---|---|---|---|
| 27 | 18 | 29 | 32 | 25 | 20 | 3 | 50 |
| 30 | 33 | 26 | 19 | 2 | 51 | 24 | 21 |
| 17 | 28 | 31 | 58 | 55 | 22 | 49 | 4 |
| 34 | 57 | 46 | 1 | 52 | 41 | 54 | 23 |
| 45 | 16 | 63 | 56 | 59 | 48 | 5 | 40 |
| 64 | 35 | 60 | 47 | 42 | 53 | 8 | 11 |
| 15 | 44 | 37 | 62 | 13 | 10 | 39 | 6 |
| 36 | 61 | 14 | 43 | 38 | 7 | 12 | 9 |

图 5-5 8×8 棋盘的一种解

**2. 输入输出**

输入：本题无输入，直接在程序中给出初始坐标，如(2,0)。

输出：整个棋盘，每个位置用整数代表马所走的第 $i$ 步。

样例输出：

```
23    2   21   18   25    4   53   44
20   17   24    3   54   45   26    5
1   22   19   46   27   64   43   52
16   29   34   55   58   51    6   63
33   12   47   28   35   56   59   42
30   15   32   57   50   39   62    7
11   48   13   36    9   60   41   38
14   31   10   49   40   37    8   61
```

## ◇5.4.3 实验原理

(1) 使用深度优先搜索解法。

先不加入贪心算法的优化，只通过不断循环尝试求解。

从某位置出发，先试探下一个可能位置；进入一个新位置后就从该位置进一步试探下一位置，若遇到不可行位置则回退一步，然后再试探其他可能位置，如图 5-6 所示。

图 5-6 所示为从当前位置到某一可行位置“0”。走到可行位置“0”后，会将“0”设为当前位置，然后就有了新的一圈可行位置，如图 5-7 所示。

图 5-6 深度优先搜索示意图 1

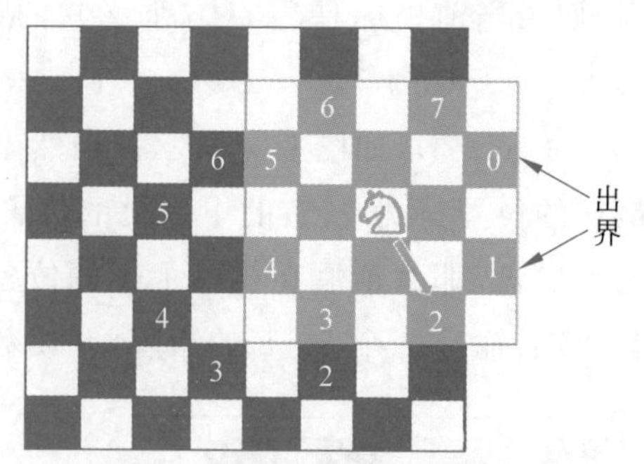

图 5-7 深度优先搜索示意图 2

图 5-7 显示从当前位置走到下一步一可行位置“2”，走到可行位置“2”后，会将“2”设为当前位置，然后形成新的一圈可行位置，如图 5-8 所示。继续尝试新的一圈可行位置，如“3”“4”“5”“6”，如果尝试完后，发现均无法成功走通，则会回退到图 5-7 所示位置，然后继续尝试图 5-8 中的“3”“4”“5”“6”“7”号位置，如图 5-9 所示。

图 5-8 深度优先搜索示意图 3

图 5-9 深度优先搜索示意图 4

以上过程是递归调用，伪代码如下。

```
DFS(x,y,j):
在(x, y)位置标为第 j 步;
若 j 是最后一步,成功! 返回 true.            //依次回退结束程序
计算所有下一可行位置存入数组(nextX[k], nextY[k]);
循环  测试所有下一可行位置:
若该位置可行:
    //递归进入新位置
    若(DFS(nextX[k], nextY[k], j+1)成功 )
        返回 true;

位置(x, y)测试完毕,不可走,位置改为 0;
返回 false;                              //从(x, y)回退
```

可以用 8×8 数组 chess[][] 存储棋子周游状态，未走过位置赋 0，走过的位置依次为 1,2,3、…。设$(x,y)$为当前位置，$j$ 为当前走到第几步。定义长度为 8 的数组 nextX

[]、nextY[],用于存放下一步可能位置的横坐标、纵坐标。nextX[]、nextY[]的下标 0,1,…,7 对应下一跳可能位置 0,1,…,7。

提示:可以先使用较小的棋盘如 6×6 或更小的,验证算法正确后再改为 8×8,因为 8×8 的数据量过大,可能导致运算时间过长,不易调试。

(2) 加入贪心算法,优化选择下一跳的位置。

上一个步骤的深度优先搜索求解,相当于在类似图 5-10 的树中查询。

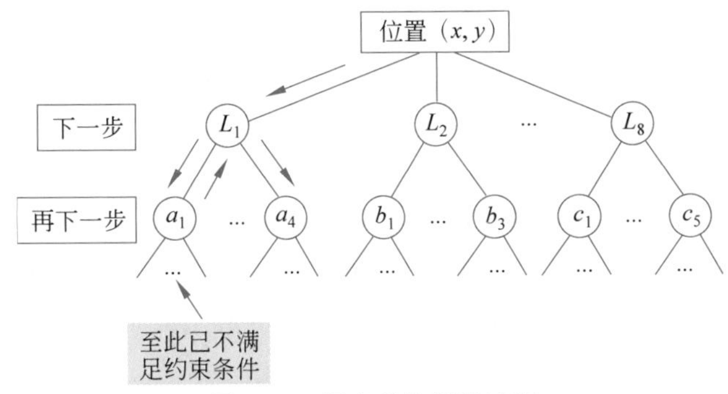


图 5-10 深度优先搜索过程

从$(x,y)$开始,深度优先搜索会依次查询 $L_1$、$L_2$、…、$L_8$ 一共 8 个可能位置,如图 5-11 所示。

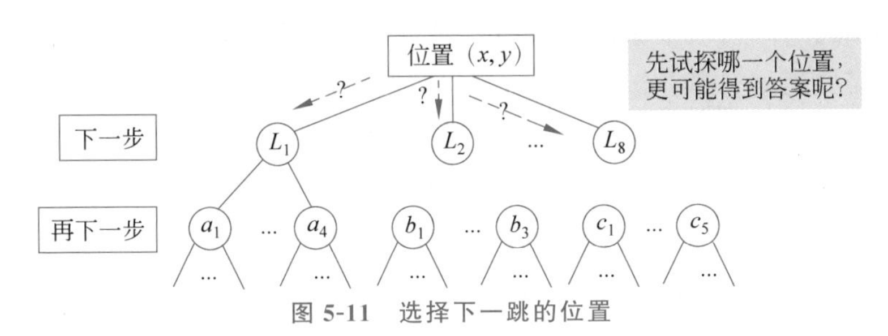


图 5-11 选择下一跳的位置

先选择 $L_1 \sim L_8$ 中哪个位置试探,可利用 $L_1 \sim L_8$ 位置的子结点个数确定。

贪心策略:在选择下一跳的位置时,总是先选择出口少的那个位置。

如果优先选择出口多的子结点,那么出口少的子结点就会越来越多,很可能出现走不通的"死"结点。这时只有回退再搜索,会浪费很多时间。所以将尽可能多的选择留到更困难的后期,减少回退的次数,以提高总体效率。

此处贪心算法的思想是:在当前状态下,选择最可能少回退的下一跳,这样对于快速获取解更有利。虽然做出了看似相反的决策,选择了出口更少的方向,但实际上在降低回退的角度做了最优选择,是对获取解更有利的方向。

编程要点:使用函数 NextXY 计算$(x,y)$的下一位置。适当修改该函数,使得 nextX[], nextY[]最终按优先级(出口由少到多)存储下一个位置。可以用 weight[]存储每个结点出口数。

伪代码如下。

```
void  NextXY(int chess[][8], int x, int y, int nextX[], int nextY[])
{
    //nextX[],nextY[]数值取-1表示这个位置不可行(已走过或出界)
    将 8 个位置 (nextX[0],nextY[0]) 到 (nextX[7],nextY[7]) 都设为 -1;
    循环计算 (x,y) 的下一可行结点(nextX[i],nextY[i]),并计算该结点的出口数,将出口数
放入 weight[i];
    按出口数 weight[] 的值从小到大对 nextX[]、nextY[] 排序;
}
```

### ◇5.4.4 实验步骤

结合上述思路,马踏棋盘问题的解题步骤如下。

(1) 定义一个整型的二维数组作为棋盘矩阵(可以先定义一个 6×6 或更小的矩阵便于调试)。

(2) 将起始的位置直接传入递归搜索函数。

(3) 计算可行的下一步位置。这里两个步骤有所区别:未加入贪心策略前,按任意顺序依次尝试下一步。加入贪心策略,计算每一个合法下一跳的出口数量,按照数量排序,优先选择出口数少的作为下一步,即 NextXY()函数中进行的操作。

(4) 选择出下一步后,不断递归进行计算同时更新棋盘数据,直到某一步没有合法的下一步,则需要退回,同时修改棋盘数据,标记为 0 表示此路不通。

(5) 递归退出后,表示已经尝试过所有的可能,打印二维数组即为结果。此处有一个小提示,如果在调试过程中发现长时间无法退出,应该在递归的函数中加入打印语句,比如打印出当前走到哪个位置,方便查看算法的运行过程。如果运行时间过长,也可以在到达第 $n$ 步后直接退出,先检查前 $n$ 步的结果是否正确。

根据此编程思路,试着使用贪心算法完成对马踏棋盘问题的编码。

### ◇5.4.5 参考代码

参考代码如下。

```
1. #define _CRT_SECURE_NO_WARNINGS
2.
3. #include <iostream>
4. using namespace std;
5.
6. //定义棋盘规模
7. const int ROWS = 8;
8. const int COLS = 8;
9.
10. //打印最后的矩阵
```

```
11. void PrintMatrix(int chess[][COLS])
12. {
13. for (int i = 0; i < ROWS; ++i)
14. {
15. for (int j = 0; j < COLS; ++j)
16. {
17. cout.width(3);
18. cout.fill(' ');
19. cout << chess[i][j] << "  ";
20. }
21. cout << endl;
22. }
23. cout << endl;
24. }
25.
26. //当前位置与下一个可能位置的 x 和 y 坐标差值
27. int xMove[] = { -2, -1, 1, 2, 2, 1, -1, -2 };
28. int yMove[] = { 1, 2, 2, 1, -1, -2, -2, -1 };
29.
30. //计算下一个可能位置,存入(nextX[], nextY[])
31. void NextXY(int chess[][COLS], int x, int y, int nextX[], int nextY[])
32. {
33. for (int j = 0; j < COLS; j++) {
34. nextX[j] = -1;
35. nextY[j] = -1;
36. }
37.
38. int weight[ROWS] = { 999 };
39. for (int n = 0; n < ROWS; n++) {
40. if(x + xMove[n] < ROWS && x + xMove[n] >= 0            //x 不超界
41. && y + yMove[n] < COLS && y + yMove[n] >= 0            //y 不超界
42. && chess[x + xMove[n]][y + yMove[n]] == 0)             //没有走过
43. {
44. nextX[n] = x + xMove[n];
45. nextY[n] = y + yMove[n];
46.
47. weight[n] = 0;
48. for (int m = 0; m < COLS; m++)
49. {
50. if(nextX[n] + xMove[m] < COLS && nextX[n] + xMove[m] >= 0
51. && nextY[n] + yMove[m] < COLS && nextY[n] + yMove[m] >= 0
52. && chess[nextX[n] + xMove[m]][nextY[n] + yMove[m]] == 0)
53. {
54. weight[n]++;
```

```
55. }
56. }
57. }
58. }
59.
60. //选择排序
61. for (int i = 0; i < ROWS; i++)
62. {
63. int minPos = i;
64. for (int j = i + 1; j < COLS; j++)
65. {
66. if(weight[j] < weight[minPos])   minPos = j;
67. }
68. if(minPos != i) {
69. int t = nextX[i];
70. nextX[i] = nextX[minPos];
71. nextX[minPos] = t;
72. t = nextY[i];
73. nextY[i] = nextY[minPos];
74. nextY[minPos] = t;
75. t = weight[i];
76. weight[i] = weight[minPos];
77. weight[minPos] = t;
78. }
79. }
80.
81. }
82.
83. //深度优先
84. bool  DeepSearch(int chess[][COLS], int x, int y, int j)
85. {
86. chess[x][y] = j;                                    //将新的一步标注到矩阵中
87. if(j == ROWS * COLS)   return true;                 //成功！依次回退结束程序
88. //计算下一可行位置存入数组(nextX[], nextY[])
89. int nextX[ROWS], nextY[COLS];
90. NextXY(chess, x, y, nextX, nextY);
91. for (int p = 0; p < ROWS; p++) {
92. if(nextX[p] >= 0) {
93. //递归调用,将进入新位置
94. if(DeepSearch(chess, nextX[p], nextY[p], j + 1))
95. return true;
96. }
97. }
98. chess[x][y] = 0;                                    //这一步不可走,回退
```

```
99. return false;
100. }
101.
102. //主函数
103. int main()
104. {
105. //定义初始矩阵并初始化为 0
106. int chess[ROWS][COLS] = { 0 };
107.
108. //递归搜索,假设马的初始坐标是(2,0)
109. DeepSearch(chess, 2, 0, 1);
110. PrintMatrix(chess);
111. return 0;
112. }
```

## ◇5.4.6 实验结果

写出算法实现代码并给出程序运行结果,如图 5-12 所示。

```
选择Microsoft Visual Studio 调试控制台
23   2  21  18  25   4  53  44
20  17  24   3  54  45  26   5
 1  22  19  46  27  64  43  52
16  29  34  55  58  51   6  63
33  12  47  28  35  56  59  42
30  15  32  57  50  39  62   7
11  48  13  36   9  60  41  38
14  31  10  49  40  37   8  61

C:\Users\redatom\source\repos\algorithm\Debug\algorithm.exe (进程 15104)已退出, 代码为 0。
按任意键关闭此窗口. . .
```

图 5-12 实验结果截图

## ◇5.4.7 实验总结

下面对本次实验进行结论陈述。

(1) 总结和学习贪心算法在局部优化时的思路。

(2) 思考贪心算法在此问题中的作用,对比加入贪心算法前后程序运行效率的变化。

(3) 复习二维数组、递归函数、排序算法,以及用递归函数返回值控制搜索回退的技巧。需要注意递归回退时,某些数据也需要同步回退。

# 5.5 渡河问题

## ◇5.5.1 实验目的及要求

(1) 进一步掌握使用贪心算法分析和解决问题的思路。

(2) 练习编程,采用贪心算法解决渡河问题。

## ◇5.5.2 实验内容

编程解决渡河问题。

有 $n$ 个人需要渡过一条河,但是只有一艘船,且一次最多只能乘坐 2 人,船的运行速度为 2 人中较慢一人的速度,过去后还需一个人把船划回来。问把 $n$ 个人运到对岸,最少需要多少时间?

输入:第一行为人数 $0<n<100$,第二行 $n$ 个正整数(不超过 1000)以空格分隔,表示每个人渡河的时间。

输出:所有人全部渡河的总时间。

样例输入:

```
4
1 2 5 10
```

样例输出:

```
17
```

## ◇5.5.3 实验原理

因为输入数据无序,为了便于计算,我们考虑先将所有人渡河所需的时间数组 $t[]$ 按照升序排序,即最快的人在前。

假设剩余 $m$ 个人,此问题可以分为以下几类。

$m==1$ 时,只有一个人过河,用时 $t[0]$。

$m==2$ 时,两个人过河,用时取较大值 $t[1]$,因为已经排序。

$m==3$ 时,三个人过河,先让最快的人和次快的人过河用时 $t[1]$,然后最快的回来用时 $t[0]$,最快的再和最慢的过河用时 $t[2]$,总计 $t[1]+t[0]+t[2]$。简单分析可知以上三种均为最优解。

$m\geqslant4$ 时,期望能够将此问题化简为子问题,也就是让 $m$ 的规模下降,因为 $m$ 下降后就归为以上 3 种固定的解法。同时运用贪心算法的思想,$m$ 减小后最好还要保证最快的两人仍在未过河一侧,这样对下一轮的渡河更有利。

要达到此目的有以下两种方法。

第一种，最快的和最慢的渡河，然后最快的将船划回来；最快的和次慢的渡河，然后最快的将船划回来，所需时间为 $t[m-1]+t[0]+t[m-2]+t[0]$。

第二种，最快的和次快的渡河，然后最快的将船划回来；次慢的和最慢的渡河，然后次快的将船划回来，所需时间为 $t[1]+t[0]+t[m-1]+t[1]$。这样就将问题简化为 $m-2$ 的子问题，且过河最快的两个人仍然在未过河一侧。

可以继续尝试其他可能，耗时均多于以上两种中的一种。

所以只要取 $t[m-1]+t[0]+t[m-2]+t[0]$ 与 $t[1]+t[0]+t[m-1]+t[1]$ 的较小值，就是本轮的最快渡河时间。

### ◇5.5.4 实验步骤

结合上述思路，渡河问题的解题步骤如下。

(1) 首先按照升序将所有人渡河的时间排序。

(2) $m \leqslant 3$ 时直接计算时间，并将 $m$ 更新为 0。

(3) $m \geqslant 4$ 时判断 $2 \times t[1]$ 与 $t[0]+t[m-2]$ 的大小，取较小值作为本次渡河时间，并更新 $m=m-2$。

(4) 重复(2)、(3)步，直至 $m=0$。

根据此编程思路，试着完成渡河问题的编码。

### ◇5.5.5 参考代码

参考代码如下。

```
1. #define _CRT_SECURE_NO_WARNINGS
2. #include <stdio.h>
3. #include <algorithm>
4.
5. using namespace std;
6.
7. int main()
8. {
9. int t[1000];                    //每个人的渡河时间
10. int n, i, m, result = 0;
11. scanf("%d", &n);
12. for (i = 1; i <= n; i++)        //为使人数和数组下标对应,数组从 t[1]开始用
13. {
14. scanf("%d", &t[i]);
15. }
16. sort(t + 1, t + 1 + n);         //使用 STL 的排序算法,从小到大排序
17. m = n;
```

```
18. while (m > 0)
19. {
20. if(m >= 4)
21. {
22. if(t[m] + t[1] + t[m - 1] + t[1] < t[2] + t[1] + t[m] + t[2])  //数组下标相应都要加 1
23. {
24. result += t[m] + t[1] + t[m - 1] + t[1];
25. }
26. else
27. {
28. result += t[2] + t[1] + t[m] + t[2];
29. }
30. m -= 2;
31. }
32. else if(m == 3)
33. {
34. result += t[m] + t[1] + t[2];
35. m = 0;
36. }
37. else if(m == 2)
38. {
39. result += t[m];
40. m = 0;
41. }
42. else if(m == 1)
43. {
44. result += t[m];
45. m = 0;
46. }
47. }
48. printf("%d\n", result);
49. }
```

### ◇5.5.6 实验结果

写出算法实现代码并给出程序运行结果,如图 5-13 所示。

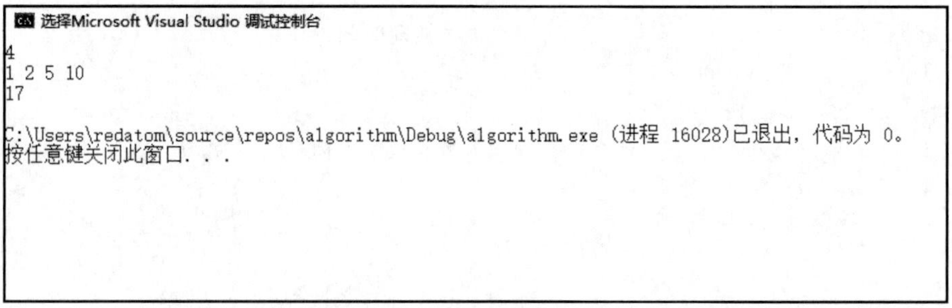

```
选择Microsoft Visual Studio 调试控制台
4
1 2 5 10
17

C:\Users\redatom\source\repos\algorithm\Debug\algorithm.exe (进程 16028)已退出，代码为 0。
按任意键关闭此窗口. . .
```

图 5-13 实验结果截图

### ◇5.5.7 实验总结

下面对本次实验进行结论陈述。

(1) 将问题分类分析并设法逐渐降低规模也是算法设计中常用的方法。

(2) 本题的贪心算法思想是,使最强的动力始终保持在未完成的一方,对后续渡河更有利。在降低问题规模的同时,期望将最快的两人留下,因为每次渡河都可能用到最快和次快两人,否则将影响后续渡河的效率。而将其他人先渡河,并不影响剩余的人。

# 第6章

# 动态规划算法

## 6.1 挖金矿问题

### ◇6.1.1 实验目的及要求

(1) 熟悉动态规划的原理。

(2) 掌握动态规划的步骤。

### ◇6.1.2 实验内容

假设有多个金矿,其编号、产量见表 6-1。

表 6-1 金矿信息表

| 编号 | 0 | 1 | 2 | 3 | 4 | 5 | 6 | 7 | 8 | 9 |
|---|---|---|---|---|---|---|---|---|---|---|
| 产金量 | 800 | 1500 | 6700 | 5800 | 5678 | 1200 | 500 | 900 | 7000 | 8888 |
| 人数 | 50 | 70 | 800 | 760 | 800 | 120 | 30 | 49 | 1000 | 1500 |

要求:

- 每座金矿必须挖或者不挖,不能只挖一部分。
- 每个工人只能分配到一个金矿劳动。

已知总人数为 10 000,如果希望挖到的金子越多越好,请问哪些金矿需要挖?

### ◇6.1.3 实验原理

#### 1. 什么是动态规划

在现实生活中,有一类活动的过程,由于它的特殊性,可将过程分成若干个互相联系的阶段,在它的每一阶段都需要做出决策,从而使整个过程达到最好的活动效果。因此各个阶段决策的选取不能任意确定,它依赖于当前面临的状态,又影响以后的发展。当各个阶段决策确定后,就组成一个决策序列,因而也就确定了整个过程的一条活动路线。这种把一个问题看作是一个前后关联具有链状结构的多阶段过程就称为多阶段决策过程,这种问题称为多阶段决策问题。在多阶段决策问题中,各个阶段采取的决策,一般来说是与时间有关的,决策依赖于当前状态,又随即引起状态的转移,一个决策序列就是在变化的状态中产生出来的,故有“动态”的含义,称这种解决多阶段决策最优化的过程为动态规划方法。

**2. 动态规划的相关术语**

阶段:把所给求解问题的过程恰当地分成若干个相互联系的阶段,以便于求解,过程不同。阶段数就可能不同。描述阶段的变量称为阶段变量。在多数情况下,阶段变量是离散的,用 $k$ 表示。此外,也有阶段变量是连续的情形。如果过程可以在任何时刻做出决策,且在任意两个不同的时刻之间允许有无穷多个决策时,阶段变量就是连续的。

状态:状态表示每个阶段开始面临的自然状况或客观条件,它不以人们的主观意志为转移,也称为不可控因素。在上面的例子中,状态就是某阶段的出发位置,它既是该阶段某路的起点,同时又是前一阶段某支路的终点。

无后效性:我们要求状态具有下面的性质:如果给定某一阶段的状态,则在这一阶段以后过程的发展不受这阶段以前各段状态的影响,所有各阶段都确定时,整个过程也就确定了。换句话说,过程的每一次实现可以用一个状态序列表示,在前面的例子中每阶段的状态是该线路的始点,确定了这些点的序列,整个线路也就完全确定。从某一阶段以后的线路开始,当这段的始点给定时,不受以前线路(所通过的点)的影响。状态的这个性质意味着过程的历史只能通过当前的状态去影响它的未来的发展,这个性质称为无后效性。

决策:一个阶段的状态给定以后,从该状态演变到下一阶段某个状态的一种选择(行动)称为决策。在最优控制中,也称为控制。在许多问题中,决策可以自然而然地表示为一个数或一组数。不同的决策对应着不同的数值。描述决策的变量称为决策变量,因状态满足无后效性,故在每个阶段选择决策时只需考虑当前的状态而无须考虑过程的历史。

决策变量的范围称为允许决策集合。

策略:由每个阶段的决策组成的序列称为策略。对于每一个实际的多阶段决策过程,可供选取的策略有一定的范围限制,这个范围称为允许策略集合。

允许策略集合中达到最优效果的策略称为最优策略。

给定 $k$ 阶段状态变量 $x(k)$ 的值后,如果这一阶段的决策变量一经确定,第 $k+1$ 阶段的状态变量 $x(k+1)$ 也就完全确定,即 $x(k+1)$ 的值随 $x(k)$ 和第 $k$ 阶段的决策 $u(k)$ 的值变化而变化,那么可以把这一关系看成 $(x(k),u(k))$ 与 $x(k+1)$ 确定的对应关系,用 $x(k+1)=T_k(x(k),u(k))$ 表示。这是从 $k$ 阶段到 $k+1$ 阶段的状态转移规律,称为状态转移方程。

**最优化原理**：作为整个过程的最优策略，它满足：相对前面决策所形成的状态而言，余下的子策略必然构成"最优子策略"。

最优性原理实际上是要求问题的最优策略的子策略也是最优。

**3. 动态规划的步骤**

1）划分阶段

动态规划用于求解多阶段决策问题。它是把整个问题划分为若干阶段后，依次为每一个阶段做出最优决策。使用动态规划有一个条件，就是后续阶段的最优决策恰好建立在以前阶段最优决策（不一定是前一个）的基础之上，这样当处理完最后一个阶段，问题的解也就随之产生。

一个阶段处理的问题与前一个阶段处理的问题一般具有极大的相似性。而且后一个阶段的问题一般是前一个阶段问题的扩展，这样随着逐个处理各个阶段，最后才能得到整个问题的全局最优解。

可以寻找原问题所包含的相似的一系列子问题（即子结构），这些子问题逐步解决就可找到原问题的解。子问题往往对应不同的阶段。

2）效益函数、状态变量

划分了问题的阶段之后，一般都要考虑当前阶段所要解决的问题。这个问题往往是一个最优化问题，第 $k$ 个阶段要解决的问题一般可表示为 $f_k(s_k)$ 的最优化问题。这里函数 $f_k()$ 一般称为效益函数。效益函数的取值依赖于当前阶段的某些数值 $s_k$，$s_k$ 就是状态变量。

3）决策变量

在每个阶段向下一个阶段演化过程中，一般需要做出某种决策，将其记作 $u_k$。第 $k$ 个阶段的效益 $f_k(s_k)$ 在不同的决策 $u_k$ 的作用之下产生不同的 $f_{k+1}(s_{k+1})$。从第 $k$ 个阶段向第 $k+1$ 个阶段演化过程中，一般可以总结出一个方程，即状态转移方程。

有了以上信息，就可以编写方程，一步步求出最优解。

**4. 实验分析**

(1) 阶段如何划分？

显然可以按挖了几个矿来划分，挖了 1 个、挖了 2 个、挖了 3 个、……初学者一个典型的问题是按下面的方法分阶段：挖第 1 个、挖第 2 个、挖第 3 个、……，这是对动态规划理解不够深入的表现。动态规划的后一个阶段应该包含前一个阶段的处理对象，后一个阶段的问题一般是前一个阶段问题的扩展。可以这样划分：挖前 1 个、挖前 2 个、挖前 3 个、……

**注意**：挖前 $k$ 个矿（第 $k$ 阶段），是指将前 $k$ 个矿通盘考虑，某一个矿可能挖，也可能不挖。若挖掘前 $k$ 个矿的最佳挖掘策略是 $(d_0, d_1, \cdots, d_{k-1})$，其中，$d_i$ 为 true 或 false，表示第 $i$ 个矿是否挖掘，那么前 $k+1$ 个矿的最佳挖掘策略不一定是 $(d_0, d_1, \cdots,$

$d_{k-1}, d_k$)。

(2) 效益函数、状态转移方程。

可以用 $f(k-1$, 剩余人数)表示第 $k$ 阶段效益函数,即挖了前 $k$ 个矿可以挖到多少金子。函数 $f$ 的第一个参数为金矿标号,从 0 开始。这里在不同阶段,剩余人数是不同的,所以效益函数一定和人数有关。而每个矿的产金量、所需人数全是事先设定的,不应作为 $f$ 函数的自变量。

考虑可能挖掘前 $k$ 个金矿,$f(k-1$,peopleNum)确定了以后,这时要考虑第 $k+1$ 座金矿的问题。显然,对于第 $k+1$ 座金矿(标号 $k$)而言,挖掘前 $k+1$ 个金矿的最优解有以下两种情况。

① peopleNum 数量挖第 $k+1$ 座金矿不够。

这时,当前这座矿不可能挖,于是:

$$f(k, \text{peopleNum}) = f(k-1, \text{peopleNum})$$

② peopleNum 数量挖第 $k+1$ 座金矿够了。

这时,又有两种选择:挖掘第 $k+1$ 座,不挖掘第 $k+1$ 座。最优解必然是这两种情形下最优的一个。

情形一:不挖第 $k+1$ 座金矿的最优解是:

$$f(k, \text{peopleNum}) = f(k-1, \text{peopleNum})$$

只考查前 $k$ 座矿即可。

情形二:挖第 $k+1$ 座金矿的最优解是:

$f(k$,peopleNum$)=V[k]+$(人数为[总人数$-$第 $k$ 座需要人数]时,
前 $k-1$ 座矿的最大效益)

其中,$V[k]$是第 $k$ 座矿的金币数量。而人数为(总人数$-$第 $k$ 座需要人数)时,前 $k-1$座矿最大效益$=f(k-1$,peopleNum$-$peopleNeed$[k]$)

于是,状态转移方程:

$f(k$,peopleNum$)=$Max($f(k$,peopleNum$)=f(k-1$,peopleNum),
$V[k]+f(k-1$,peopleNum$-$peopleNeed$[k]$))

解法 1:

在计算 $f(k$,peopleNum)时,可能要用到 $f(k-1$,peopleNum$-$peopleNeed$[k]$),可是 peopleNum$-$peopleNeed$[k]$是多少?可以知道的是 peopleNum$-$peopleNeed$[k]$一定是个小于或等于总人数 peopleNum 的值。如果这么做:先计算出 $f(k-1,0)$、$f(k-1,1)$、$f(k-1,2)$、…、$f(k-1,10\ 000)$,那么,$f(k-1$,peopleNum)一定在上面一行中可以找到,$f(k-1$,peopleNum$-$peopleNeed$[k]$)也一样可以找到。

于是,可计算出 $f(k,0)$、$f(k,1)$、$f(k,2)$、…、$f(k,10\ 000)$。以此类推,最后一行最后一个就是结果。

伪代码:

```
//maxGold[i][j]保存了 j 个人挖前 i+1 个金矿能够得到的最大金子数
//maxGold[i][j] 就是存储上面的 f(i, j)
int maxGold[100][10001];                        //数组太大,定义为全局变量,放在函数外!

    int n = 10;                                 //金矿数
    int peopleTotal=10000;                      //可以用于挖金子的总人数
    //每座金矿需要的人数
        int peopleNeed[100]={50, 70, 800, 760, 800, 120, 30, 49, 1000,1500};
        //每座金矿能够挖出来的金子数
        int gold[100] ={800, 1500,6700,5800,5678,1200,500,900,7000,8888};
        为 maxGold[0][0]~ maxGold[0][10000]赋值
                                                //人数为 0~10000 时,挖 1 个矿,能得多少
(注: maxGold[0][0]~ maxGold[0][49]为 0,maxGold[0][50]~ maxGold[0][10000]为 800)
//逐行向下计算 maxGold[ ][ ]
for(int i=1;i<10;i++)                           //挖前 i 个矿
{
    for(int j=0;j<=peopleTotal;j++)             //人数 j 从 0 到 peopleTotal
    {
        int peoLeft=j - peopleNeed[i];          //计算 j 与 peopleNeed[i]之差
        if(peoLeft>=0)                          //人数够挖标号为 i-1 的矿
        {
利用状态转移函数,借助之前几步已经计算出的 maxGold[i-1][j]和 maxGold[i-1][peoLeft]
去计算当前矿的含金量计算 maxGold[i][j]。
        }else{                                  //人数不够挖标号为 i-1 的矿
            maxGold[i][j]等同于矿数-1,人数不变的情况;
        }
    }
}
输出结果;
```

解法 2:

解法 2 其实是对解法 1 做一定修改得到的。解法 1 计算了 maxGold[][]的每一项,这里先将 maxGold[][]每一项设为$-1$(第一行除外,还是按上面的方法初始化)。然后,将状态转换函数

$$f(k,\text{peopleNum})=\text{Max}(f(k,\text{peopleNum})=f(k-1,\text{peopleNum}),$$
$$V[k]+f(k-1,\text{peopleNum}-\text{peopleNeed}[k]))$$

用递归函数实现。

计算 $f(k,\text{peopleNum})$时先查矩阵 maxGold[$k$][peopleNum],如果是$-1$,就递归计算 $f(k,\text{peopleNum})$,计算完成后将 $f(k,\text{peopleNum})$存入 maxGold[$k$][peopleNum],以便后续使用这个数值时直接查询 maxGold[$k$][peopleNum]即可。如果发现某一项 maxGold[$k$][peopleNum]不是$-1$,则直接取出使用即可。

定义 $n$——金矿数、peopleTotal——可以用于挖金子的人数、peopleNeed[]——每

座金矿需要的人数、gold[]——每座金矿的金子数,和前面的做法一样。

定义 maxGold[][]。maxGold[*i*][*j*]保存了 *j* 个人挖前 *i*+1 个金矿能够得到的最大金子数,等于−1 时表示未知。

伪代码:

```
//递归函数,有 people 个人和前 mineNum 个金矿时能够得到的最大金子数,
//注意 mineNum 是从 0 开始编号的
int GetMaxGold(int mineNum, int people)
{
    int retMaxGold;
    //如果这个问题曾经计算过(对应动态规划中的"做备忘录")
    if(maxGold[mineNum][people] != -1)
    {
        返回 maxGold[mineNum][people] 的值
    }
    else if(people >= peopleNeed[mineNum])          //如果人数够开采这座金矿
    {
        挖当前矿的最大值 maxGoldIfDig = gold[mineNum]+
        GetMaxGold(mineNum-1, people - peopleNeed[mineNum]);  //递归
        不挖当前矿的最大值 maxGoldIfNotDig =
        矿数为 mineNum-1 人数为 people 情形取值;                //递归
        取 retMaxGold 为 maxGoldIfNotDig 和 maxGoldIfDig 的最优
    }
    else
    {   //人数不够开采这座金矿
        retMaxGold 取值等同于矿数为 mineNum-1 人数为 people 情形; //递归
    }
    maxGold[mineNum][people] = retMaxGold;          //做备忘录,写入矩阵
    return retMaxGold;
}

int main(int argc, char** argv)
{
    初始化数据,将 maxGold[][]都设为-1;
    为 maxGold[0][0]~maxGold[0][10000]赋值  //人数为 0~10000 挖 1 个矿,能得多少
                                          (人数<50 得 0 金币,超过 50 得 800)

    输出 GetMaxGold(n-1, peopleTotal);      //n 座矿,人数为 peopleTotal
    return 0;
}
```

## ◇6.1.4 实验步骤

(1) 构造问题所对应的过程。

(2) 思考过程的最后一个步骤，看看有哪些选择情况。

(3) 找到最后一步的子问题，确保符合“子问题重叠”，把子问题中不相同的地方设置为参数。

(4) 使得子问题符合“最优子结构”。

(5) 找到边界，考虑边界的各种处理方式。

(6) 确保满足“子问题独立”，一般而言，如果是在多个子问题中选择一个作为实施方案，而不会同时实施多个方案，那么子问题就是独立的。

(7) 考虑如何做备忘录。

(8) 分析所需时间是否满足要求。

(9) 写出转移方程式。

(10) 写出主函数并用数据测试

### ◇6.1.5 参考代码

解法 1：动态规划——挖金矿(递推)

```
1. #include <iostream>
2. using namespace std;

3. //maxGold[i][j]保存了 j 个人挖前 i+1 个金矿能够得到的最大金子数
4. int maxGold[100][10001];

5. int main(int argc, char * * argv) {
6.
7. int n=10;                        //金矿数
8. int peopleTotal=10000;       //可以用于挖金子的人数
9. //每座金矿需要的人数
10. int peopleNeed[100]={50, 70, 800, 760, 800, 120, 30, 49, 1000,1500};
11. //每座金矿能够挖出来的金子数
12. int gold[100]={800, 1500,6700,5800,5678,1200,500,900,7000,8888};
13. for(int j=0;j<50;j++)
14. maxGold[0][j]=0;
15. for(int j=50;j<=peopleTotal;j++)
16. maxGold[0][j]=800;
17.
18. for(int i=1;i<10;i++)
19. {
20. for(int j=0;j<=peopleTotal;j++)
21. {
22. int peoLeft=j - peopleNeed[i];
23. if(peoLeft>=0)
```

```
24. {
25. if(maxGold[i-1][j] > gold[i]+maxGold[i-1][peoLeft])
26. {
27. maxGold[i][j] = maxGold[i-1][j];
28. }else{
29. maxGold[i][j] = gold[i]+maxGold[i-1][peoLeft];
30. }
31. }else{
32. maxGold[i][j] = maxGold[i-1][j];
33. }
34. }
35. cout<<maxGold[i][peopleTotal]<<endl;
36. }
37. return 0;
38. }
```

解法 2：动态规划——挖金矿（递归＋备忘录）

```
1. #include <iostream>
2. using namespace std;
3.
4. int n=10;                                                    //金矿数
5. int peopleTotal=10000;                                       //可以用于挖金子的人数
6. //每座金矿需要的人数
7. int peopleNeed[100]={50, 70, 800, 760, 800, 120, 30, 49, 1000,1500};
8. //每座金矿能够挖出来的金子数
9. int gold[100]={800, 1500,6700,5800,5678,1200,500,900,7000,8888};
10. //maxGold[i][j]保存了 j 个人挖前 i+1 个金矿能够得到的最大金子数
11. int maxGold[100][10001];
12. //获得在仅有 people 个人和前 mineNum 个金矿时能够得到的最大金子数,
13. //注意"前多少个"也是从 0 开始编号的
14. int GetMaxGold(int mineNum, int people)
15. {
16. int retMaxGold;
17. //如果这个问题曾经计算过[对应动态规划中的"做备忘录"]
18. if(maxGold[mineNum][people] != -1)
19. {
20. retMaxGold = maxGold[mineNum][people];                  //获得保存起来的值
21. return retMaxGold;
22. }
23. else if(people >= peopleNeed[mineNum])                  //如果人数够开采这座金矿
24. {
25. int peoLeft=people - peopleNeed[mineNum];
26. int maxGoldIfDig = gold[mineNum]+ GetMaxGold(mineNum-1,peoLeft); //挖当前矿
27. int maxGoldIfNotDig = GetMaxGold(mineNum-1,people);             //不挖当前矿
```

```
28. if(maxGoldIfNotDig > maxGoldIfDig)                       //取最优
29. {
30. retMaxGold = maxGoldIfNotDig;
31. }else{
32. retMaxGold = maxGoldIfDig;
33. }
34. }
35. else
36. {                                                        //人数不够开采这座金矿
37. retMaxGold = GetMaxGold(mineNum-1,people);
38. }
39. maxGold[mineNum][people] = retMaxGold;                   //做备忘录,写入矩阵
40. return retMaxGold;
41. }
42.
43. int main(int argc, char * * argv)
44. {
45.                                                          //初始化数据
46. for (int k = 0; k <= peopleTotal; k++)
47. for (int m = 0; m<n; m++)
48. maxGold[m][k] = -1;                                      //等于-1时表示未知
49.
50. for(int j=0;j<50;j++)
51. maxGold[0][j]=0;
52. for(int j=50;j<=peopleTotal;j++)
53. maxGold[0][j]=800;
54.
55. cout<<GetMaxGold(n-1, peopleTotal)<<endl;
56. return 0;
57. }
```

## ◇6.1.6 实验结果

(1) 利用上面的代码编写程序,解决动态规划问题。

(2) 用本节开始所给出的数据验证。

解法 1 和解法 2 的实验结果如图 6-1 和图 6-2 所示。

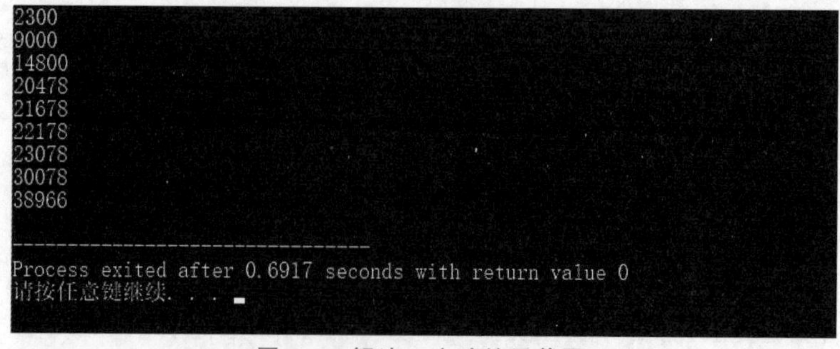


图 6-1 解法 1 实验结果截图

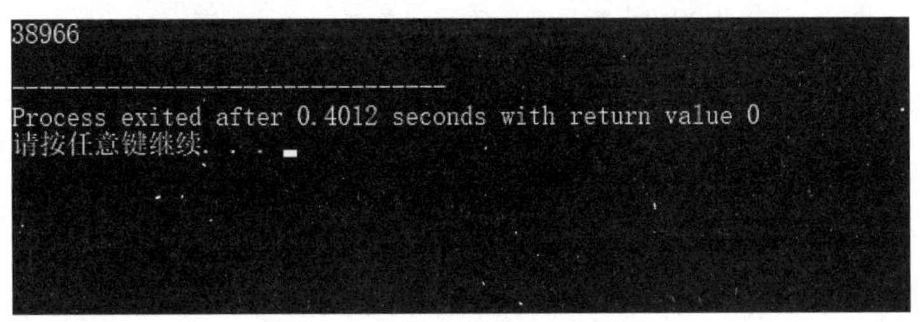


图 6-2 解法 2 实验结果截图

### ◇6.1.7 实验总结

此问题是一道经典的动态规划问题，简称 DP 问题，动态规划问题求解的三要素：全局最优解，最优子结构，问题的边界。只要掌握了这三点，对于这种典型的简单动态规划问题写出代码还是比较简单的。

## 6.2 0-1 背包问题

### ◇6.2.1 实验目的及要求

(1) 熟悉动态规划的原理。
(2) 掌握动态规划的步骤。
(3) 解决经典动态规划问题。

### ◇6.2.2 实验内容

小明要远行，他有一个容量为 15kg 的背包，另外有 4 个物品，物品的质量和价值如表 6-2 所示。

表 6-2 背包情况表

| 物品 | A1 | A2 | A3 | A4 |
|---|---|---|---|---|
| 质量 w | 3 | 4 | 5 | 6 |
| 价值 v | 4 | 5 | 6 | 7 |

小明希望能用他的背包带走的物品总价值最大，你能告诉他应该怎么做吗？

### ◇6.2.3 实验原理

0-1 背包问题等价于之前的挖金矿问题如表 6-3 所示。

表 6-3　0-1 背包问题等价于之前的挖金矿问题

| | 替换 1 | 替换 2 | 替换 3 |
|---|---|---|---|
| 挖金子 | 金矿金子 | 人员需求 | 已知总人数 |
| 0-1 背包 | 物品价值 | 物品质量 | 背包载质量 |

教材中将阶段划分从最后一件物品开始,第 1 阶段可选择物品 $n$;第 2 阶段可选择物品 $n-1,n$,第 3 阶段可选择物品 $n-2,n-1,n,\cdots$;第 $n$ 阶段可选择物品 $1,2,\cdots,n$。

设 $m(i,\ j)$是背包容量为 $j$,可选择物品为 $i,i+1,\cdots,n$ 时的最优值,可以建立计算 $m(i,\ j)$的递归式如下。

假定第 $i+1$ 行的 $m(i,\ j)$的值已经全部知道,则第 $i$ 行的 $m(i,\ j)$有以下两种情形。

(1) 容量 $j$ 小于第 $i$ 件物品质量。

这时,第 $i$ 件物品不可能装进去:

$$m(i,\ j)=m(i+1,\ j)$$

(2) 容量 $j$ 大于或等于第 $i$ 件物品质量。

这时,第 $i$ 件物品可以装进去。

最优解有可能是第 $i$ 件物品装进去了,于是 $m(i,\ j)=m(i+1,\ j-wi)+vi$;或者第 $i$ 件物品不必装进去,于是 $m(i,\ j)=m(i+1,\ j)$。

用数组 c[][]存储 $m(i,\ j)$的值。

对应(1) 有:

```
jMax=min(w[i]-1,m);
for(j=0;j<=jMax;j++)
c[i][j]=c[i+1][j];
```

对应(2) 有:

```
for(j=w[i];j<=m;j++)
c[i][j]=max(c[i+1][j],c[i+1][j-w[i]]+v[i]);
```

## ◇6.2.4　实验步骤

在解决问题之前,为描述方便,首先定义一些变量:$V_i$ 表示第 $i$ 个物品的价值,$W_i$ 表示第 $i$ 个物品的体积,$V(i,j)$为当前背包容量 $j$,前 $i$ 个物品最佳组合对应的价值,同时背包问题抽象化为($X_1,X_2,\cdots,X_n$,其中,$X_i$ 取 0 或 1,表示第 $i$ 个物品选或不选)。

(1) 建立模型,即求 $\max(V_1X_1+V_2X_2+\cdots+V_nX_n)$。

(2) 寻找约束条件,$W_1X_1+W_2X_2+\cdots+W_nX_n<\text{capacity}$。

(3) 寻找递推关系式,面对当前商品有以下两种可能性。

① 包的容量比该商品体积小,装不下,此时的价值与前 $i-1$ 个的价值是一样的,即

$V(i,j)=V(i-1,j)$。

② 还有足够的容量可以装该商品，但装了也不一定达到当前最优价值，所以在装与不装之间选择最优的一个，即 $V(i,j)=\max\{V(i-1,j),V(i-1,j-w(i))+v(i)\}$。

### ◇6.2.5 参考代码

参考代码如下。

```
1. #include<stdio.h>
2. int c[100][1000];        /* 对应每种情况的最大价值，其中程序限定能处理的最多物品数为
                              100，最大价值为 1000 */
3. int m,n;                 //m 表示背包可承受最大质量，n 表示物品数
4. int w[100];              //各个物品的质量，最多物品数 100
5. int v[100];              //各个物品价值，最多物品数 100
6. int x[100];              //物品是否加入背包，是用 1 表示，否用 0 表示
7. /*
8. 初始化初始条件
9. */
10. void init()
11. {
12. int i;
13. printf("input the max capacity and the number of the goods:\n");
14. scanf("%d%d",&m,&n);
15. printf("Input each one(weight and value):\n");
16. for(i=1;i<=n;i++)
17. {
18. scanf("%d%d",&w[i],&v[i]);
19. }
20. }
21. int min(int a,int b)
22. {
23. if(a<b) return a;
24. else {return b;}
25. }
26. int max(int a,int b)
27. {
28. if(a>b) return a;
29. else{return b;}
30. }
31. /*
32. 寻找每个子问题的最优解
33. c[i][j]表示背包容量为 j,可选择物品为 i,i+1,…,n 时的最优值
34. 0-1 背包问题的最优值为 c[1][m]
35. */
```

```
36. void knapsack()
37. {
38. int jMax=min(w[n]-1,m);
39. int i,j;
40. for(j=0;j<=jMax;j++)
41. {
42. c[n][j]=0;
43. }
44. for(j=w[n];j<=m;j++)
45. {
46. c[n][j]=v[n];
47. }
48. for(i=n-1;i>1;i--)
49. {
50. jMax=min(w[i]-1,m);
51. for(j=0;j<=jMax;j++) c[i][j]=c[i+1][j];
52. for(j=w[i];j<=m;j++) c[i][j]=max(c[i+1][j],c[i+1][j-w[i]]+v[i]);
53. }
54. c[1][m]=c[2][m];
55. if(m>=w[1]) c[1][m]=max(c[1][m],c[2][m-w[1]]+v[1]);
56. }
57. /*
58. 构造最优解
59. */
60. void traceBack(int *x)
61. {
62. int i,j;
63. j=m;
64. for(i=1;i<n;i++)
65. {
66. if(c[i][j]==c[i+1][j]) x[i]=0;
67. else { x[i]=1;j-=w[i]; }
68. }
69. x[n]=(c[n][j])?1:0;
70. }
71.
72. int main()
73. {
74. int i,j;
75. init();
76.
77. knapsack();
78. printf("旅行者背包能装的最大总价值为%d",c[1][m]);
79. printf("\n");
80.
81. traceBack(x);
82. printf("背包中存放的物品有: \n");
83. for(i=1;i<=n;i++)
```

```
84. {
85. if(x[i]!=0)
86. {
87. printf("%d ",i);
88. }
89. }
90. return 0;
91. }
```

## ◇6.2.6 实验结果

(1) 利用上面的代码编写程序,解决动态规划问题。

(2) 用本节开始所给出的数据验证,如图 6-3 所示。

```
input the max capacity and the number of the goods:
15 4
Input each one(weight and value):
3 4
4 5
5 6
6 7
旅行者背包能装的最大总价值为18
背包中存放的物品有:
2 3 4
--------------------------------
Process exited after 62.43 seconds with return value 0
请按任意键继续. . .
```

图 6-3 实验结果截图

## ◇6.2.7 实验总结

本实验与上次挖金矿问题实验基本相同,就是利用动态规划的思想去解决问题。动态规划与分治法类似,都是把大问题拆分成小问题,通过寻找大问题与小问题的递推关系,解决一个个小问题,最终达到解决原问题的效果。

但不同的是,分治法在子问题和子子问题等上被重复计算了很多次,而动态规划则具有记忆性,通过填写表把所有已经解决的子问题答案记录下来,在新问题里需要用到的子问题可以直接提取,避免了重复计算,从而节约了时间,所以在问题满足最优性原理之后,用动态规划解决问题的核心就在于填表,表填写完毕,最优解也就找到了。

# 6.3 求连续子数组最大和

## ◇6.3.1 实验目的及要求

(1) 熟悉动态规划的原理。

(2) 掌握动态规划的步骤。

(3) 利用动态规划解决问题。

(4) 分析动态规划和穷举法之间的优劣。

## ◇6.3.2 实验内容

### 1. 求连续子数组的最大和问题

一个有 $N$ 个整数元素的一维数组 $A[0],A[1],\cdots,A[N-1]$,求其中连续的子数组和的最大值。不需要返回子数组的具体位置,数组中包含:正整数、负整数、零,子数组不能空。

例如:

```
int A[] = {1, -1, 2, 3, -4, 4};
```

符合条件的子数组为{1, −1, 2, 3}或{2,3}或{2, 3, −4, 4},即答案为 5。

### 2. 实验内容

(1) 实现动态规划、穷举法程序。

(2) 对比两种方法处理长度为 100 000 的数组时的运行时间差异;长度为 100 000 的数组每一个元素用 rand()%100−50 随机产生。

## ◇6.3.3 实验原理

### 1. 动态规划法

尝试寻找递归式的子结构。先考虑序列 $X_{i-1}=\{A[0],A[1],\cdots,A[i-1]\}$ 当中和最大的连续子数组,以及序列 $X_i=\{A[0],A[1],\cdots,A[i]\}$ 中和最大的连续子数组的关系。但是在 $X_{i-1}$ 的连续子数组以及在 $X_i$ 中的连续子数组很有可能不互相连接,这样两者之间的关系就很难确定。

这里将上面的问题改一下,考虑序列 $X_{i-1}=\{A[0],A[1],\cdots,A[i-1]\}$ 当中以 $A[i-1]$ 为结尾的和最大的连续子数组(记作 $z_{i-1}$),以及序列 $Xi=\{A[0],A[1],\cdots,A[i]\}$ 中以 $A[i]$ 为结尾的和最大的连续子数组(记作 $z_i$)的关系。显然,原问题解的子数组一定在 $\{z_0,z_1,\cdots,z_{N-1}\}$ 当中,而 $z_i$ 的和与 $z_{i-1}$ 的和的关系容易确定。

由于 $z_i$ 以 $A[i]$ 作结尾,$z_{i-1}$ 以 $A[i-1]$ 作结尾,所以 $z_i$ 要么是 $z_{i-1}$ 尾部添加元素 $A[i]$,要么是 $A[i]$ 自身,两者必居其一。

假设 $z_{i-1}$ 的最大的连续子数组和为 $\text{TempMaxSum}[i-1]$,则 $z_i$ 的最大的连续子数组和必然是 $\text{TempMaxSum}[i-1]+A[i]$ 或者 $A[i]$,两者必居其一。即:

$$\text{TempMaxSum}[i]=\max(A[i],\text{TempMaxSum}[i-1]+A[i])$$

伪代码:

```
定义长度足够的 TempMaxSum[];
TempMaxSum[0]初始值为 A[0];
设 MaxSum= A[0];              //存储最大值
循环算出每一个 TempMaxSum[i],若发现 TempMaxSum[i]大于 MaxSum,则将 MaxSum 设置为
TempMaxSum[i];
```

**2. 穷举法**

考查每一个子数组 $A[i],A[i+1],\cdots,A[j]$的和,这里 $i$ 从 0 到 $N-1$,$j$ 从 $i$ 到 $N-1$,用两重循环可以解决问题。

伪代码:

```
设 MaxSum= A[0];  //存储最大值
循环 (i = 0 到 N-1)
  {
      sum = 0;
      循环计算 A[i]到 A[j]的(i≤j<N)和放入 sum,
      若 sum 大于 MaxSum,则 MaxSum = sum);
  }
  输出 MaxSum;
```

穷取法最为直接,当然耗时也较多,时间复杂度为 $O(n^2)$。

## ◇6.3.4 实验步骤

(1) 划分阶段。

(2) 写出状态转移方程。

(3) 主函数对相关代码进行测试。

## ◇6.3.5 参考代码

**1. 动态规划**

```
1. #include<iostream>
2. using namespace std;
3. int A[100000] = { 1, -1, 2, 3, -4, 4 };
4. int TempMaxSum[100000];
5. int main()
6. {
7.     int MaxSum = A[0];
8.     TempMaxSum[0] = A[0];
9.     for (int i = 1; i < 6; i++)
10.     {
11.         TempMaxSum[i] = A[i] > TempMaxSum[i - 1] + A[i] ? A[i] :
            TempMaxSum[i - 1] + A[i];
12.         MaxSum = MaxSum > TempMaxSum[i] ? MaxSum : TempMaxSum[i];
13.         cout << TempMaxSum[i] << endl;
```

```
14.     }
15.     cout << MaxSum;
16.     return 0;
17. }
```

**2. 穷举法**

```
1. #include<iostream>
2. #include<algorithm>
3. using namespace std;
4. int A[100] = { 1, -1, 2, 3, -4, 4 };
5. int main()
6. {
7.     int MaxSum = A[0];
8.     int sum = 0;
9.     for (int i = 0; i < 6; i++)
10.     {
11.         sum = 0;
12.         for (int j = i; j < 6; j++)
13.         {
14.             sum += A[j];
15.             MaxSum = max(MaxSum, sum);
16.         }
17.     }
18.     cout << MaxSum;
19.     return 0;
20. }
```

**3. 穷举法、动态规划运行时间对比——连续子数组的最大和**

1）穷举法

```
1. #include<iostream>
2. #include<cstdlib>
3. #include<algorithm>
4. using namespace std;
5. int A[100000];
6. int N = 100000;
7. int main()
8. {
9.     for (int i = 0; i < N; i++)
10.     {
11.         A[i] = rand() % 100 - 50;
12.     }
13.     int MaxSum = A[0];
14.     int sum = 0;
15.     for (int i = 0; i < N; i++)
16.     {
17.         sum = 0;
```

```
18.         for (int j = i; j < N; j++)
19.         {
20.             sum += A[j];
21.             MaxSum = max(MaxSum, sum);
22.         }
23.     }
24.     cout << MaxSum;
25.     return 0;
26. }
```

2）动态规则

```
1. #include<iostream>
2. #include<cstdlib>
3. using namespace std;
4. int A[100000], TempMaxSum[100000];
5. int N = 100000;
6. int main()
7. {
8.     for (int i = 0; i < N; i++)
9.     A[i] = rand() % 100 - 50;
10.     int MaxSum = A[0];
11.     for (int i = 1; i < N; i++)
12.     {
13.         TempMaxSum[i] = A[i] > TempMaxSum[i - 1] + A[i] ? A[i] :
            TempMaxSum[i - 1] + A[i];
14.         MaxSum = MaxSum > TempMaxSum[i] ? MaxSum : TempMaxSum[i];
15.     }
16.     cout << MaxSum;
17.     return 0;
18. }
```

### ◇6.3.6 实验结果

(1) 利用上面的代码编写程序,解决动态规划问题。

(2) 用本节开始所给出的数据验证,结果如图 6-4～图 6-7 所示。

(3) 图 6-6 和图 6-7 虽然运行的结果完全一致,但是通过运行代码我们能发现“连续子数组最大和”问题使用动态规划算法比穷举法时间快了很多。

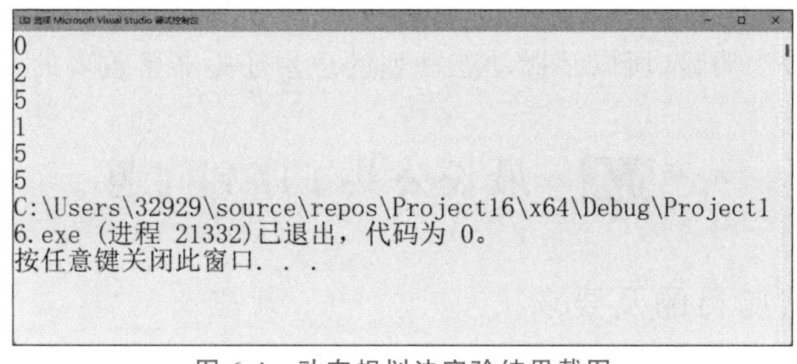


图 6-4 动态规划法实验结果截图

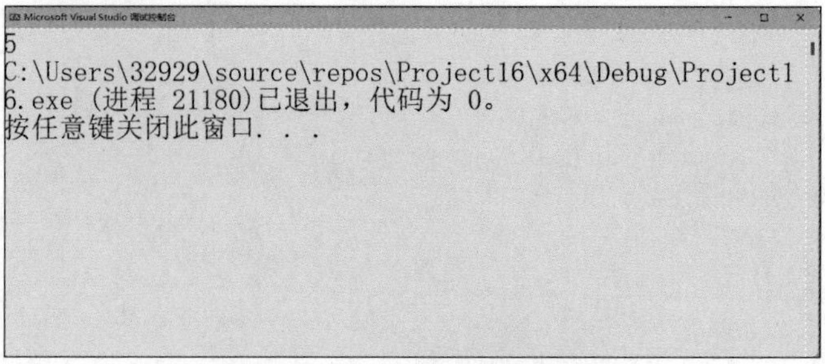

```
Microsoft Visual Studio 调试控制台
5
C:\Users\32929\source\repos\Project16\x64\Debug\Project1
6.exe (进程 21180)已退出，代码为 0。
按任意键关闭此窗口. . .
```

图 6-5　穷举法实验结果截图

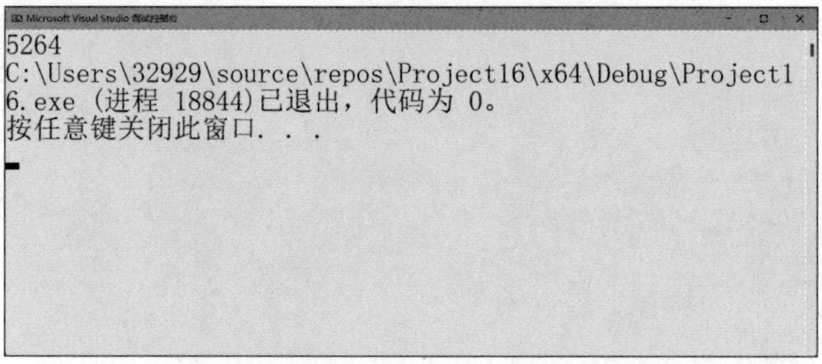

```
Microsoft Visual Studio 调试控制台
5264
C:\Users\32929\source\repos\Project16\x64\Debug\Project1
6.exe (进程 18844)已退出，代码为 0。
按任意键关闭此窗口. . .
```

图 6-6　连续子数组的最大和——穷举法运行时间截图

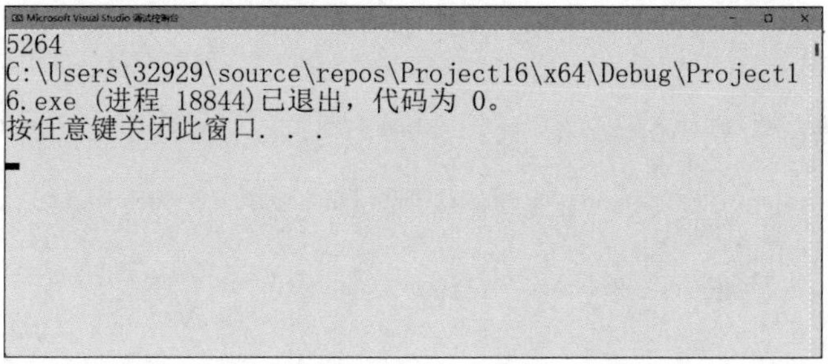

```
Microsoft Visual Studio 调试控制台
5264
C:\Users\32929\source\repos\Project16\x64\Debug\Project1
6.exe (进程 18844)已退出，代码为 0。
按任意键关闭此窗口. . .
```

图 6-7　连续子数组的最大和——动态规划法运行时间截图

### ◇6.3.7　实验总结

本实验分为两种办法，一种是穷举法，另一种是动态规划的方法。其中，穷举法是很容易被想出来的，但是相应的时间复杂度也比较高，达到了 $O(n^2)$；另外一种就是动态规划的方法，这种方法需要理解上一个状态和这个状态之间的关系，类似于高中所学的数学归纳法，当理解了这一点，写出状态转移方程也是较为简单的，时间复杂度降为 $O(n)$，效果提升较为明显，所以掌握动态规划的思想还是非常重要的。

## 6.4　最长公共子序列问题

### ◇6.4.1　实验目的及要求

（1）熟悉动态规划的原理。

(2) 掌握动态规划的步骤。

(3) 利用动态规划解决问题。

## ◇6.4.2 实验内容

**1. 最长公共子序列问题**

子序列就是在给定的序列中删除若干元素后得到的序列。给定两个序列 $X$ 和 $Y$，当另一个序列 $Z$ 既是 $X$ 的子序列又是 $Y$ 的子序列时，就称 $Z$ 是序列 $X$ 和序列 $Y$ 的公共子序列。最长公共子序列，就是指元素个数最多的公共子序列。例如，若 $X=\{A,B,C,B,D,A,B\}$，$Y=\{B,D,C,A,B,A\}$，则序列$\{B,C,B,A\}$是 $X$ 和 $Y$ 的最长公共子序列之一，长度为 4。

**2. 实验内容**

实现动态规划程序，算出最长公共子序列的长度。

利用下面产生的矩阵，求出最长公共子序列的内容。

## ◇6.4.3 实验原理

子序列就是在给定的序列中删除若干元素后得到的序列。给定两个序列 $X$ 和 $Y$，当另一个序列 $Z$ 既是 $X$ 的子序列又是 $Y$ 的子序列时，就称 $Z$ 是序列 $X$ 和序列 $Y$ 的公共子序列。最长公共子序列，就是指元素个数最多的公共子序列。例如，若 $X=\{A,B,C,B,D,A,B\}$，$Y=\{B,D,C,A,B,A\}$，则序列$\{B,C,B,A\}$是 $X$ 和 $Y$ 的最长公共子序列之一，长度为 4。

为了解决问题，先找一下它的子结构，即能否找到这个问题的递归式，它很可能是问题的状态转换函数。要找出 $X=\{x_1,x_2,\cdots,x_m\}$和 $Y=\{y_1,y_2,\cdots,y_n\}$的最长公共子序列，我们考虑 $X$ 和 $Y$ 的最后一个元素。

情形 1：当 $x_m=y_n$ 时，找出 $X_{m-1}$和 $Y_{n-1}$的最长公共子序列，然后在其尾部加上 $x_m$ 即可得到 $X$ 和 $Y$ 的最长公共子序列。

情形 2：当 $x_m \neq y_n$ 时，显然$\{x_1,x_2,\cdots,x_m\}$和$\{y_1,y_2,\cdots,y_n\}$的最长公共子序列等于下面两者中最长的序列。

(1) $\{x_1,x_2,\cdots,x_{m-1}\}$和$\{y_1,y_2,\cdots,y_{n-1},y_n\}$的最长公共子序列。

(2) $\{x_1,x_2,\cdots,x_{m-1},x_m\}$和$\{y_1,y_2,\cdots,y_{n-1}\}$的最长公共子序列。

用 $f[i][j]$记录序列 $X_i$ 和 $Y_j$ 的最长公共子序列的长度。其中，$X_i=\{x_1,x_2,\cdots,x_i\}$，$Y_j=\{y_1,y_2,\cdots,y_j\}$。当 $i=0$ 或者 $j=0$ 时(即序列为空)，$X_i$ 和 $Y_j$ 的最长公共子序列为空，所以此时 $\boldsymbol{f}[i][j]=0$。因此可以建立如下递推关系。

$$\boldsymbol{f}[i][j]=\begin{cases}0, & i=0,j=0\\ \boldsymbol{f}[i-1][j-1]+1, & i,j>0;x_i=y_i\\ \max\{\boldsymbol{f}[i][j-1],\boldsymbol{f}[i-1][j]\}, & i,j>0;x_i\neq y_j\end{cases}$$

矩阵 $f[][]$就是表 6-4 的内容，容易看出，为了求 $f[2][2]$，需要先知道 $f[1][1]$、$f[1][2]$、$f[2][1]$，显然表 6-4 的第一行和第一列都为 0，因此可以逐行向下、自左向右计算。

表 6-4　矩阵 $f[][]$

| | $Y_0$ | $Y_1$ | $Y_2$ | … | $Y_j$ | … |
|---|---|---|---|---|---|---|
| $X_0$ | $f[0][0]$ | $f[0][1]$ | $f[0][2]$ | | | |
| $X_1$ | $f[1][0]$ | $f[1][1]$ | $f[1][2]$ | | | |
| $X_2$ | $f[2][0]$ | $f[2][1]$ | $f[2][2]$ | | | |
| … | | | | | | |
| $X_i$ | | | | | $f[i][j]$ | |
| … | | | | | | |

计算上面矩阵的伪代码如下。

```
void LCSLength(char x[], char y[],int m,int n)
{  /* 计算最长公共子序列的长度   */
    int F[m][n], i,j;
    将 F 矩阵第一行设为 0;
    将 F 矩阵第一列设为 0;
    for(i = 1; i <= m; i++)
        for (j = 1; j <= n; j++) {
            若 x[i]==y[j],  F[i][j]= ?;
            否则,若 F[i-1][j]>= F[i][j-1]
                …;      //计算 F[i][j]
            否则, …;
    return F[m][n];
}
```

另外，如何从上面计算出来的长度矩阵中找到最长公共子序列？（注意观察图 6-8 中的黑色方格。）

| i \ j | 0 | 1 | 2 | 3 | 4 | 5 | 6 | |
|---|---|---|---|---|---|---|---|---|
| 0 | 0 | 0 | 0 | 0 | 0 | 0 | 0 | |
| 1 | 0 | 0 | 0 | 0 | 1 | 1 | 1 | d |
| 2 | 0 | 1 | 1 | 1 | 1 | 2 | 2 | b |
| 3 | 0 | 1 | 1 | 2 | 2 | 2 | 2 | c |
| 4 | 0 | 1 | 1 | 2 | 2 | 3 | 3 | b |
| 5 | 0 | 1 | 2 | 2 | 2 | 3 | 3 | a |
| 6 | 0 | 1 | 2 | 2 | 3 | 3 | 4 | d |
| 7 | 0 | 1 | 2 | 2 | 3 | 4 | 4 | b |
| | | b | a | c | d | b | d | |

图 6-8　矩阵示例图

算法：从矩阵右下方开始，执行：

(1) 向上搜索数字相同的方格，直到数字相同方格的最后一个。

(2) 向右搜索数字相同的方格，直到数字相同方格的最后一个。

(3) 这个位置对应的横坐标、纵坐标都是一样的字符，是最长公共子序列的一个元素，记下这个元素。

重复步骤(1)～(3)直到最后走到左上角的数值为1的空格。

伪代码：

```
void LCS(char a[],int L[][],int m,int n)
{
    初始化,并且令 i=m、j=n、k=m;
    循环(i>0 且 j>0)
{
if(上方数字没变)   i--;                    //向上一格
       else if(左方数字没变)  j--;      //向左一格
       else {
c[k]=x[i]或 y[j];                          //记录元素
k--;  i--;  j--;                           //走到相同数字区域左上角,向左上跳
}
      }
…
}
```

## ◇6.4.4　实验步骤

(1) 划分阶段。

(2) 写出状态转移方程。

(3) 主函数对相关代码进行测试。

## ◇6.4.5　参考代码

参考代码如下。

```
1. #include<cstdio>
2. #include<cstring>
3. #include<algorithm>
4. using namespace std;
5. const int N = 1000;
6. char a[N],b[N];
7. int dp[N][N];
8. int main()
9. {
```

```
10. int lena,lenb,i,j;
11. while(scanf("%s%s",a,b)!=EOF)
12. {
13. memset(dp,0,sizeof(dp));
14. lena=strlen(a);
15. lenb=strlen(b);
16. for(i=1;i<=lena;i++)
17. {
18. for(j=1;j<=lenb;j++)
19. {
20. if(a[i-1]==b[j-1])
21. {
22. dp[i][j]=dp[i-1][j-1]+1;
23. }
24. else
25. {
26. dp[i][j]=max(dp[i-1][j],dp[i][j-1]);
27. }
28. }
29. }
30. printf("%d\n",dp[lena][lenb]);
31. }
32. return 0;
33. }
```

## ◇6.4.6 实验结果

(1) 利用上面的代码编写程序,解决动态规划问题。

(2) 用本节开始所给出的数据验证,如图 6-9 所示。

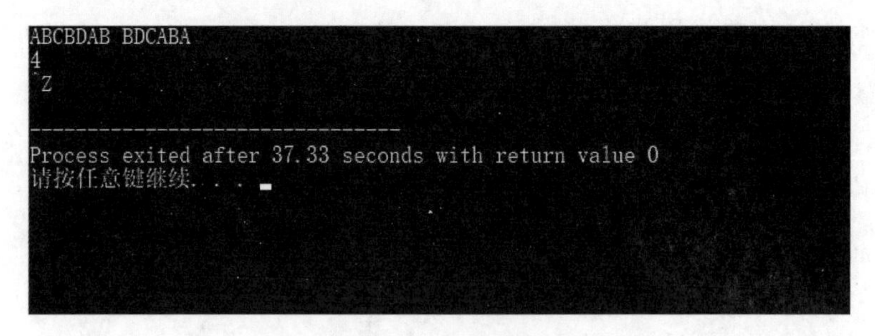


图 6-9 实验结果截图

(注:最后一行的 Ctrl+Z+Enter 用于终止程序)

## ◇6.4.7 实验总结

求解最长公共子序列问题,不能使用暴力搜索方法。一个长度为 $n$ 的序列拥有 2

的 $n$ 次方个子序列，它的时间复杂度是指数阶。因此，解决最长公共子序列问题，需要借助动态规划的思想。

动态规划算法通常用于求解具有某种最优性质的问题。在这类问题中，可能会有许多可行解。每一个解都对应于一个值，我们希望找到具有最优值的解。动态规划算法与分治法类似，其基本思想也是将待求解问题分解成若干个子问题，先求解子问题，然后从这些子问题的解得到原问题的解。与分治法不同的是，适合于用动态规划求解的问题，经分解得到的子问题往往不是互相独立的。若用分治法来解这类问题，则分解得到的子问题数目太多，有些子问题被重复计算了很多次。如果能够保存已解决的子问题的答案，而在需要时再找出已求得的答案，这样就可以避免大量的重复计算，节省时间。可以用一个表来记录所有已解的子问题的答案。不管该子问题以后是否被用到，只要它被计算过，就将其结果填入表中。

# 图书资源支持

感谢您一直以来对清华版图书的支持和爱护。为了配合本书的使用，本书提供配套的资源，有需求的读者请扫描下方的“书圈”微信公众号二维码，在图书专区下载，也可以拨打电话或发送电子邮件咨询。

如果您在使用本书的过程中遇到了什么问题，或者有相关图书出版计划，也请您发邮件告诉我们，以便我们更好地为您服务。


**我们的联系方式：**

地　　址：北京市海淀区双清路学研大厦 A 座 714

邮　　编：100084

电　　话：010-83470236　010-83470237

客服邮箱：2301891038@qq.com

QQ：2301891038（请写明您的单位和姓名）


资源下载：关注公众号“书圈”下载配套资源。

资源下载、样书申请

书圈

图书案例

清华计算机学堂

观看课程直播